DEUTSCHE DEMOKRATISCHE REPUBLIK

DEUTSCHE AKADEMIE
DER LANDWIRTSCHAFTSWISSENSCHAFTEN ZU BERLIN

ALBRECHT-THAER-ARCHIV

Arbeiten aus den Gebieten

Bodenkunde

Pflanzenernährung

Acker- und Pflanzenbau

Band 7

JAHRESINHALTSVERZEICHNIS

1963

AKADEMIE-VERLAG · BERLIN

Herausgeber:
Deutsche Demokratische Republik
Deutsche Akademie der Landwirtschaftswissenschaften zu Berlin

Begründet von der
Landwirtschaftlich-Gärtnerischen Fakultät
der Humboldt-Universität zu Berlin

Schriftleitung: Prof. Dr. agr. habil. E. PLACHY, Redaktion: Dipl.-Landw. R. STUBBE.

Das Albrecht-Thaer-Archiv erscheint in Heften mit einem Umfang von je 5 Druckbogen (80 Seiten). Die innerhalb eines Jahres herausgegebenen 10 Hefte bilden einen Band. Das letzte Heft jedes Bandes enthält Inhalts- und Sachverzeichnis.

Der Bezugspreis beträgt 5,– DM je Heft.

Die Schriftleitung nimmt nur Manuskripte an, deren Gesamtumfang 25 Schreibmaschinenseiten nicht überschreitet und die bisher noch nicht, auch nicht in anderer Form, im In- oder Ausland veröffentlicht wurden. Jeder Arbeit ist ein Autorreferat zur Vorankündigung (nicht länger als $1^1/_2$ Schreibmaschinenseiten) sowie eine Zusammenfassung mit den wichtigsten Ergebnissen (nicht länger als 20 Zeilen), wenn möglich auch in russischer und englischer bzw. französischer Sprache, beizufügen. Gegebenenfalls erfolgt die Übersetzung in der Akademie.

Manuskripte sind zu senden an die Schriftleitung, Deutsche Akademie der Landwirtschaftswissenschaften zu Berlin, Berlin W 8, Krausenstr. 38–39.

Die Autoren erhalten Umbruchabzüge mit befristeter Terminstellung. Bei Nichteinhaltung der Termine erteilt die Redaktion Imprimatur.

Für jede Arbeit werden unentgeltlich 100 Sonderdrucke und ein Honorar von 40,– DM je Druckbogen zur Verfügung gestellt. Das Honorar schließt auch die Urheberrechte für das Bildmaterial ein. Dissertationen, auch gekürzte bzw. geänderte, werden nicht honoriert.

Verlag: Akademie-Verlag GmbH, Berlin W 8, Leipziger Str. 3–4, Fernruf 22 04 41, Telex-Nr. 011 773, Postscheckkonto: Berlin 350 21. Bestellnummer dieses Heftes: 1051/7/10 Veröffentlicht unter der Lizenznummer 1285 des Presseamtes beim Vorsitzenden des Ministerrates der Deutschen Demokratischen Republik. Herstellung: Druckhaus „Maxim Gorki“, Altenburg.

AUTORENVERZEICHNIS

Band 7—1963

Seite

Seite

SACHVERZEICHNIS

Band 7—1963

Seite

Seite

DEUTSCHE DEMOKRATISCHE REPUBLIK

DEUTSCHE AKADEMIE
DER LANDWIRTSCHAFTSWISSENSCHAFTEN ZU BERLIN

ALBRECHT-THAER-ARCHIV

Arbeiten aus den Gebieten

Bodenkunde
Pflanzenernährung
Acker- und Pflanzenbau

Band 7 · Heft 1
1963

AKADEMIE-VERLAG · BERLIN

Herausgeber:
Deutsche Demokratische Republik
Deutsche Akademie der Landwirtschaftswissenschaften zu Berlin

Begründet von der
Landwirtschaftlich-Gärtnerischen Fakultät
der Humboldt-Universität zu Berlin

Schriftleitung: Prof. Dr. agr. habil. E. PLACHY, Redaktion: Dipl.-Landw. R. STUBBE.

Das Albrecht-Thaer-Archiv erscheint in Heften mit einem Umfang von je 5 Druckbogen (80 Seiten). Die innerhalb eines Jahres herausgegebenen 10 Hefte bilden einen Band. Das letzte Heft jedes Bandes enthält Inhalts- und Sachverzeichnis.

Der Bezugspreis beträgt 5,— DM je Heft.

Die Schriftleitung nimmt nur Manuskripte an, deren Gesamtumfang 25 Schreibmaschinenseiten nicht überschreitet und die bisher noch nicht, auch nicht in anderer Form, im In- oder Ausland veröffentlicht wurden. Jeder Arbeit ist ein Autorreferat zur Vorankündigung (nicht länger als $1^1/_2$ Schreibmaschinenseiten) sowie eine Zusammenfassung mit den wichtigsten Ergebnissen (nicht länger als 20 Zeilen), wenn möglich auch in russischer und englischer bzw. französischer Sprache, beizufügen. Gegebenenfalls erfolgt die Übersetzung in der Akademie.

Manuskripte sind zu senden an die Schriftleitung, Deutsche Akademie der Landwirtschaftswissenschaften zu Berlin, Berlin W 8, Krausenstr. 38—39.

Die Autoren erhalten Umbruchabzüge mit befristeter Terminstellung. Bei Nichteinhaltung der Termine erteilt die Redaktion Imprimatur.

Für jede Arbeit werden unentgeltlich 100 Sonderdrucke und ein Honorar von 40,— DM je Druckbogen zur Verfügung gestellt. Das Honorar schließt auch die Urheberrechte für das Bildmaterial ein. Dissertationen, auch gekürzte bzw. geänderte, werden nicht honoriert.

Verlag: Akademie-Verlag GmbH, Berlin W 8, Leipziger Str. 3—4, Fernruf 22 0441, Telex-Nr. 011 773, Postscheckkonto: Berlin 350 21. Bestellnummer dieses Heftes: 1051/7/1. Veröffentlicht unter der Lizenznummer 1285 des Presseamtes beim Vorsitzenden des Ministerrates. Herstellung: Druckhaus „Maxim Gorki“, Altenburg.

DEUTSCHE DEMOKRATISCHE REPUBLIK

DEUTSCHE AKADEMIE
DER LANDWIRTSCHAFTSWISSENSCHAFTEN ZU BERLIN

ALBRECHT-THAER-ARCHIV

Arbeiten aus den Gebieten

Bodenkunde

Pflanzenernährung

Acker- und Pflanzenbau

Schriftleitung:
Prof. Dr. agr. habil. E. PLACHY

BAND 7 · HEFT 1
1963

AKADEMIE-VERLAG · BERLIN

INHALT

Aus dem Institut für Acker- und Pflanzenbau Müncheberg
der Deutschen Akademie der Landwirtschaftswissenschaften zu Berlin
(Direktor: Prof. Dr. agr. habil. E. RÜBENSAM)

H. E. FREYTAG

Ein stoffgruppenanalytischer Vergleich zwischen unzersetzter und zersetzter Pflanzensubstanz

Eingegangen: 10. 8. 1962

Bei Verfolgung der CO_2-Abgabe aus in Zersetzung befindlicher Pflanzensubstanz wurde festgestellt, daß nur ein relativ geringer Anteil des insgesamt zum Boden verabreichten pflanzlichen Materials dem Abbau unterlag [1]. Während, nach Abklingen der biologischen Aktivität, die durch erneute Stimulation mehrmals nacheinander entfachte mikrobielle Tätigkeit kaum eine weitere CO_2-Abgabe aus dem pflanzlichen Substrat erbrachte, erfolgte in den durch Zwischentrocknungen induzierten Aktivierungsstößen fast ausschließlich die Zersetzung von Komponenten aus der nativen organischen Bodensubstanz.

In diesem Zusammenhang sind die Ergebnisse eines bereits früher durchgeführten[1] stoffgruppenanalytischen Vergleiches zwischen unzersetzter und zersetzter, mit C-14 markierter Pflanzensubstanz insofern aufschlußreich, als sich aus ihnen Hinweise auf den stofflichen Charakter der leichter zugänglichen und andererseits auch der schwerer angreifbaren Komponenten im pflanzlichen Material ergeben.

Da bei Verwendung von radioaktiv homogen durchmarkiertem pflanzlichen Material über den beabsichtigten Vergleich zwischen Ausgangssituation und Zersetzungsstadium keine über die Aussage einer normal-chemischen Analyse hinausgehenden Befunde zu erwarten sind (alle stofflichen Komponenten besitzen gleiches C*/C-Verhältnis), wurden unter normalen Bedingungen eine Zeitlang gewachsene Pflanzen erst vor ihrer Analyse der Einwirkung von radioaktivem CO_2 ausgesetzt. Die Markierung erfolgte jedoch andererseits so lange, daß auch C-14 in stoffwechselträgere Bezirke eindringen konnte. Derart heterogen markiertes pflanzliches Ausgangsmaterial mit relativ höheren spezifischen Radioaktivitäten in den später gebildeten Komponenten innerhalb der einzelnen Stoffgruppen gestattet über die eventuell nach fortgeschrittener Zersetzung im Material zu findenden, veränderten spez. Aktivitäten der einzelnen Stoffgruppen zusätzliche Aussagen.

Bei der Versuchsdurchführung fand die von SALENSKI, SEMICHATOWA und WOSNESSENSKI [2] für Photosynthesestudien entwickelte Methodik sowohl hinsichtlich der Markierungstechnik als auch der stofflichen Differenzierung weitgehende Anwendung.

A. Methodik

Die einmalige Markierung über Photosynthese erfolgte 60 Stunden in einem etwa 35 l fassenden Plexiglasgefäß mit radioaktivem CO_2, das aus BaC^*O_3 (mit inaktivem $BaCO_3$ auf erwünschte spezifische Aktivität [1 mc/l CO_2] und Konzentration [1 Vol-% CO_2] gebracht) durch Milchsäurezusatz entwickelt worden war. In der

[1] Diese Untersuchungen wurden 1956 während eines Studienaufenthaltes im Photosynthese-Labor des Botanischen Institutes (KOMAROW-Institut) in Leningrad durchgeführt. Dem Leiter des Photosyntheselabors, Herrn Dr. O. W. SALENSKI, sei auch hier nochmals herzlich gedankt.

Kammer wuchsen unter künstlicher Beleuchtung junge Gerstepflanzen, deren Assimilationstätigkeit sich über den Aktivitätsabfall des Gasgemisches gut verfolgen ließ. Nach Markierung wurden die Sprosse abgeschnitten, sofort in heißen Alkoholdampf gebracht, im Vakuum bei 40 °C getrocknet und danach in einer Kugelmühle zerkleinert.

Ein Teil der Pflanzensubstanz wurde nach Befeuchtung mit wäßrigem Bodenextrakt in ein CO_2-Durchflußsystem gebracht (ein mit Hilfe eines Aspirators erzeugter Luftstrom passierte nach Absorption des Außen-CO_2 ein Dewar-Gefäß, in dem sich über mit H_2SO_4 angesäuertem Wasser die Schale mit der Pflanzensubstanz befand, und mündete unter Mitführung des abgegebenen Kohlendioxyds in eine CO_2-Absorberlösung). — Ein anderer Teil der markierten Pflanzensubstanz diente als Untersuchungsmaterial für die Stoffgruppenanalysen und Aktivitätsbestimmungen zwecks Erfassung der Ausgangssituation (I).

Nach 12tägiger Zersetzungsdauer wurde das verbliebene Material aus dem Zersetzungsgefäß herausgenommen und auf gleiche Weise analysiert (II).

1. Stoffgruppenanalyse

Das Material (je 3 Parallelen der Stadien I und II) wurde getrocknet, zermahlen und — nach Bestimmung der Gesamtaktivität — in Extraktionshülsen eingewogen. Mit Benzin (Destillat 80 — 100 °C) erfolgte im „Soxhlet" zunächst die Abtrennung der „B-Fraktion" (Lipoide, Pigmente, Karotinoide, ...), deren Menge sich sowohl über den Gewichtsverlust der Extraktionshülsen als auch aus dem Eindampfrückstand der Kölbchen ermitteln ließ (nach Einengung in Wägegläschen übertragen, vollständig verdampft und gewogen).

Nach Überführung von Extraktionshülsen und Inhalt in Kölbchen mit aufgesetzten Rückflußkühlern wurde die Alkoholfraktion isoliert (82% Äthanol, 72 °C Wasserbad; „A-Fraktion" = Zucker, freie Aminosäuren, geringer Teil organischer Säuren ...). Der Extrakt wurde nach jeweils $4 \times 1/2$ h abfiltriert und frischer Alkohol zugesetzt. Auch hier konnte die extrahierte Menge einmal über Rückwaage der nach beendeter Extraktion getrockneten Hülsen als A-Extraktionsverlust und andererseits nach Eindampfen des Extraktes direkt gravimetrisch ermittelt werden.

Nach Zerschneiden der getrockneten Hülsen wurde das Restmaterial unter Zusatz von je 50 cm^3 H_2O in Erlenmeyerkölbchen überspült und unterlag dann $2 \times 1/2$ h der H_2O-Extraktion im Schüttelapparat. Anschließend wurde über Büchner-Trichter filtriert, der Rückstand ausgewaschen, das Filtrat eingedampft, gewogen und so die Menge der „H_2O-Fraktion" (organische Säuren und deren Salze, Dextrine ...) ermittelt.

Eine weitere Zerlegung des auf den Filtern verbliebenen Rückstandes unterblieb; der Rest wurde von den Filtern gelöst, abgespült, getrocknet, gewogen und als „Restfraktion" angesprochen (Stärke, Hemipentosane, Eiweiß, Zellulose, Lignin ...).

Die erhaltenen einzelnen Fraktionsgewichte wurden auf 100 mg Gesamttrockensubstanz sowohl für Serie I als auch Serie II umgerechnet.

2. Aktivitätsbestimmungen

Die zu messenden Substanzen kamen auf Al-Präparatteller, auf denen ihre relativen Aktivitäten unter Einhaltung einer konstanten Meßgeometrie mit dem Endfensterzählrohr bestimmt wurden. Der Einfluß der Selbstabsorption wurde korrigiert (anhand von nach der Methode konstanter spezifischer Aktivität aufgenommenen

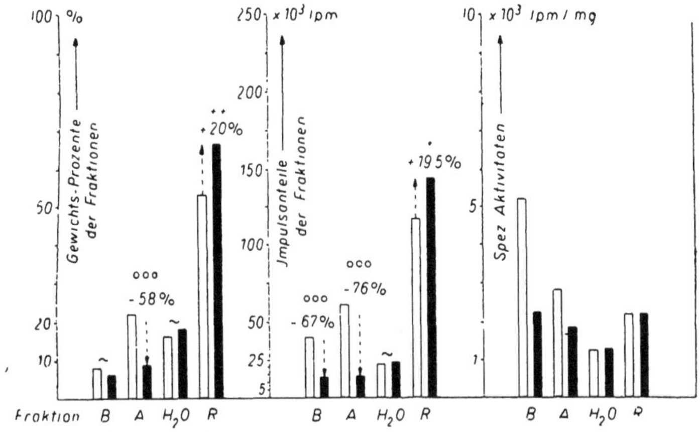

Abb. 1: Fraktionsgewichtsanteile, Impulsanteile und spezifische Radioaktivitäten der einzelnen Stoffgruppen. Gegenüberstellung von Ausgangssituation (linke) und Abbaustadium (rechte, schraffierte Säulen)

Eichkurven); von den weiteren Korrekturen konnte die für den Einfluß der Auflösungszeit bei Impulszahlen < 5000 Ipm unterbleiben (lag dann weit unterhalb der Meßstreuung). — Zur Aktivitätsbestimmung der einzelnen Fraktionen wurde in ausgestanzte und abgewogene Filterpapierscheiben aus den betreffenden Extrakten abwechselnd Substanz eingesaugt und unter der IR-Lampe jeweils getrocknet, um höhere Konzentrationen im Trägerpapier anreichern zu können. Von jeder Parallele (a, b, c) wurden so 3 Papierscheibchen präpariert und sowohl deren Aktivitäten auf Al-Disken gemessen als auch die angereicherten Substanzmengen bestimmt.

Daraus ließen sich die spezifischen Aktivitäten $[s_{B,\,A,\,H_2O,\,R}]$ für die einzelnen Fraktionen ermitteln, welche ebenfalls für jede Serie in Abbildung 1 zur Darstellung gebracht wurden.

B. Ergebnisse

Abbildung 1 zeigt eine Gegenüberstellung der einzelnen Fraktionsgewichte, der Impulsanteile und der spezifischen Aktivitäten. Die linke Säule gibt die Ausgangssituation (I), die rechte, schraffierte den Zustand nach 12tägiger Zersetzung (II) an. Mit Hilfe von Varianzanalysen wurden die Sicherheiten der Aussagen geprüft (jeweils einfache Streuungszerlegung; Vergleiche zwischen 2 Gruppen [I und II] mit je 3 Wiederholungen [a, b, c]). Die Ergebnisse der F-Teste bzw. deren Aussagen befinden sich in den Tabellen 1, 2 und 3.

Beim Vergleich der relativen Fraktionsgewichte (Gesamttrockensubstanzgewicht von Gruppe I und Gruppe II jeweils $\triangleq$ 100) ergaben sich zwischen den beiden im zeitlichen Abstand durchgeführten Analysenserien nur für die A- und R-Fraktion signifikante Unterschiede.

Während zwischen I und II der relative Anteil der A-Fraktion zurückging, erfolgte eine Anreicherung der R-Fraktion. — Es soll nun, gleich in Zusammenhang mit den ermittelten Impulshöhen bzw. den spezifischen Aktivitäten, auf die infolge Zersetzung zwischen den einzelnen Fraktionen eingetretenen stofflichen Veränderungen eingegangen werden.

Tabelle 1

Fraktionsgewichte

Fraktion	F	F_{Tab} 1%	F_{Tab} 5%	Aussage
B	4,97	21,2	7,7	$G_{B_I} \sim G_{B_{II}}$
A	50,6			$G_{A_I} \gg G_{A_{II}}$
H_2O	0,22			$G_{H_2O_I} \sim G_{H_2O_{II}}$
R	14,9			$G_{R_I} < G_{R_{II}}$

Tabelle 2

Impulsanteile

Fraktion	F	F_{Tab} 1%	F_{Tab} 5%	Aussage
B	381	21,2	7,7	$I_{B_I} \gg I_{B_{II}}$
A	89,5			$I_{A_I} \gg I_{A_{II}}$
H_2O	0,12			$I_{H_2O_I} \sim I_{H_2O_{II}}$
R	11,0			$I_{R_I} < I_{R_{II}}$

Tabelle 3

Spezifische Aktivitäten

Fraktion	F	F_{Tab} 1%	F_{Tab} 5%	Aussage
B	14,3	21,2	7,7	$s_{B_I} > s_{B_{II}}$
A	66,6			$s_{A_I} \gg s_{A_{II}}$
H_2O	—			$s_{H_2O_I} \sim s_{H_2O_{II}}$
R	—			$s_{R_I} \sim s_{R_{II}}$

Die B-Fraktion lag z. Z. der II. Analysenserie in einem der I. Serie entsprechenden gleichgroßen prozentualen Anteil vor ($G_{B_I} \sim G_{B_{II}}$, Tab. 1). Das B-Fraktionsgewicht müßte demnach — jetzt im Hinblick auf den allgemeinen Substanzschwund (ca. 22%) — in seiner absoluten Menge abgenommen haben. Der Impulsrückgang in der B-Fraktion (Abb. 1, Mitte) bzw. die ihm analog gehende C*-Abnahme war jedoch viel stärker als der gleichzeitig erfolgende Gewichtsrückgang.

Unter Berücksichtigung der heterogenen Markierung des pflanzlichen Ausgangsmaterials kommt man — noch allgemein für alle Fraktionen gesehen — zu folgenden Deutungsmöglichkeiten: Das durch die Markierung vorgegebene C*/C-Verhältnis bzw. die spezifische Aktivität $\frac{C^*}{C^* + C}$ jeder einzelnen der hier noch nicht isolierten, eigentlichen, stofflichen „Komponente" innerhalb einer Stoffgruppe kann sich nur dann verändern, wenn (abgesehen vom Isotopieeffekt, der aber hier durchaus vernachlässigt werden kann) zwischen den Analysenterminen I und II der gleiche Stoff aus anderen Verbindungen mit niedrigerer oder höherer spezifischer Aktivität gebildet wurde.

Sollte sich dabei auch noch, wie hier gemessen, die spez. Aktivität der „Fraktion" ändern, dann müssen die dafür verantwortlichen Ausgangssubstanzen z. Z. der I. Serienanalyse noch nicht innerhalb der betrachteten Stoffgruppe vorhanden gewesen sein, sondern (andere Fraktionierungseigenschaften besitzend) in einer „Neben-Stoffgruppe" vorgelegen haben.

Für die Änderung der spez. Aktivität innerhalb einer Fraktion bestehen also, zwecks Deutung der hier gegebenen Analysenwerte, folgende Möglichkeiten: Ein s-Anstieg von I → II könnte sowohl besagen, daß „höheraktive" Komponenten zwischen den beiden Analysenterminen zur Fraktion hinzugekommen (also der betreffenden Stoffgruppe ähnliche Eigenschaften erhalten haben) oder weniger aktive aus ihr verschwunden sind, ein s-Rückgang hingegen, daß weniger aktive hinzugetreten oder aber aktivere Komponenten abgegangen sind.

Natürlich lassen sich aus einem stoffgruppenanalytischen Vergleich noch nicht die Verschiebungen zwischen den einzelnen Komponenten innerhalb der Fraktion im Sinne der oben erwähnten Möglichkeiten erfassen. Dies muß einer später beabsichtigten, weitgehenderen stofflichen Differenzierung überlassen bleiben. Sowohl im Falle der B- als auch der A-Fraktion (Abb. 1) ist jedoch die Möglichkeit des Abganges von aktiveren Komponenten aus der Stoffgruppe die wahrscheinlich quantitativ dominierende, zumal auch die in dieser Richtung wirkende „Veratmung" dabei Berücksichtigung findet.

Für den bevorzugten Abgang bei heterogener Markierung kurz nach Photosynthese vorwiegend hochaktiver Komponenten im gesamten pflanzlichen Material spricht auch der in Abhängigkeit von der Zeit in einem anderen, kontinuierlich laufenden Versuch beobachtete, zunächst starke Rückgang der spez. Aktivität der abgegebenen CO_2 (Abb. 2), welche selbst zeitlich etwa gleichmäßig in ihrer Gesamtmenge zunahm. Hier unterlagen 300 mg Pflanzensubstanz in 50 g C-freiem Quarzsand der Zersetzung, wurde die CO_2-Abgabe kontinuierlich auf konduktometrischem Wege verfolgt, wurden aus den abgezapften Absorberlösungen $BaCO_3$-Festpräparate hergestellt und schließlich deren Radioaktivitäten [A_∞] bei $_\infty$-Schichtdicke gemessen. Da A_∞ direkt proportional der spezifischen Aktivität geht, geben die über der Ordinate aufgetragenen Werte die jeweiligen, in zeitlicher Abhängigkeit sich ändernden spezifischen Aktivitäten der vom in Zersetzung befindlichen Material abgegebenen CO_2-Quoten an. Läge hier ein über Photosynthese homogen durchmarkiertes Material vor, so hätte eine der Abszisse bzw. Zeitachse parallel verlaufende Linie erhalten werden müssen (eine Prüfmethode auf C*/C-Homogenität zu verwendender organischer Testsubstanzen!). Gerade aber die hier sofort abfallenden A_∞-Werte zeigen an, daß schon in den ersten 50—70 Stunden die im Verlaufe der vorangegangenen photosynthetischen Markierung bevorzugt gebildeten und demnach höher aktiven Stoffe auch gleich der Zersetzung unterlagen. — Die Pflanzen waren nach bereits vorheriger 5-, dann, wie Abbildung 3 zeigt, 3tägiger Markierung in C^*O_2 mit nächtlich hervortretender Dissimilationstätigkeit (Kurve b) kurz nach der 3. Markierung (Kurve c) herausgenommen und zermahlen dem Quarzsand zugegeben worden.

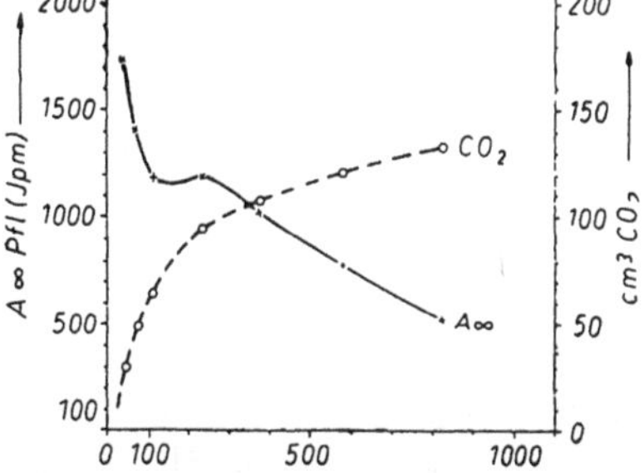

Abb. 2: CO_2-Abgabe aus verrottenden, heterogen markierten Pflanzenwurzeln und Verschiebung in der spezifischen Radioaktivität des CO_2 (proportional A_∞ gehend)

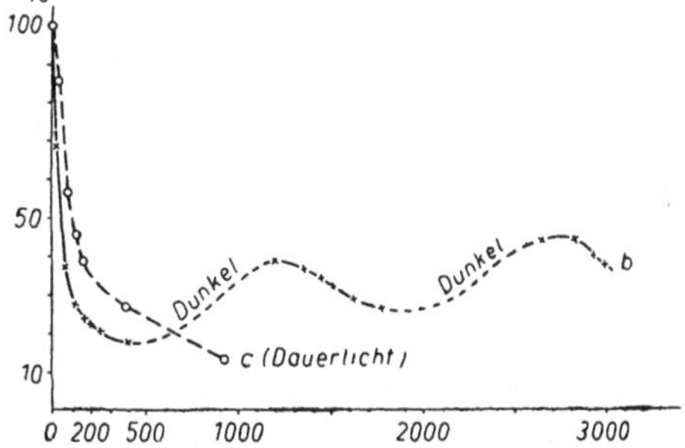

Abb. 3: Zeitliche Änderung der in Gasphase gemessenen ^{14}C-Aktivitäten im Verlaufe der photosynthetischen Markierung

Der Gewichtsrückgang (absolut) und insbesondere der z. Z. der II. Analyse gefundene, noch stärkere Impulsabfall der B-Fraktion dürften also auf dem bevorzugten Abgang von photosynthetisch später gebildeten Komponenten mit noch höherer spezifischer Aktivität beruhen. Die hierbei zu erwartende Abnahme auch in der spezifischen Aktivität der B-Fraktion erfolgte, wie Abbildung 1 (rechts) zeigt, analog diesem stärkeren Impulsrückgang.

Ähnliche Verhältnisse bestimmten die Veränderungen in der A-Fraktion. Bei ihr ging jedoch auch der prozentuale Anteil am Gesamtfraktionsgewicht zurück. Absolut gesehen wurden also die Komponenten der A-Fraktion in noch intensiverem Maße angegriffen als die der B-Fraktion, da — trotz der relativen Anreicherungstendenz infolge des allgemeinen Trockensubstanzschwundes — hier noch eine Abnahme (— 59%) im relativen Anteil am Gesamtgewicht der II. Analysenserie sichtbar wurde. Dieser sehr intensive Rückgang muß den insbesondere in dieser Fraktion enthaltenen, von den Mikroben sehr leicht angreifbaren Zuckern und freien Aminosäuren zugeschrieben werden. — Der zwischen den Analysen I und II erfolgende starke Rückgang des Impulsanteiles der A-Fraktion läuft in Richtung dieser Tendenz und sagt weiter aus, daß bevorzugt Fraktionskomponenten mit höherer spez. Aktivität veratmet wurden, die spez. Aktivität der A-Fraktion sich demzufolge (durch Abgang von Komponenten mit höherem C*/C-Verhältnis) verringert hat.

Ganz anders aber verhielt sich die H_2O-Fraktion. Ähnlich der B-Fraktion blieb ihr relativer Anteil am Gesamtgewicht konstant ($G_{H_2O_I} \sim G_{H_2O_{II}}$), erfolgte also eine dem Substanzschwund etwa parallel gehende absolute Abnahme der mit H_2O extrahierbaren Stoffgruppe. Bezüglich der Impulsanteile war jedoch zwischen den beiden zu den Terminen I und II analysierten H_2O-Fraktionen noch kein signifikanter Unterschied nachweisbar; das heißt also, daß der Schwund in der H_2O-extrahierbaren Stoffgruppe sich auf alle in ihr enthaltenen Komponenten in gleicher Weise erstreckte. Die unverändert gebliebene spezifische Aktivität dieser Stoffgruppe ist ein Hinweis dafür, daß kein spezifischer mikrobieller Angriff auf einzelne Komponenten dieser Stoffgruppe erfolgte, sondern innerhalb des Zersetzungsablaufes alle einer gleichstarken Einwirkung unterlagen.

Die R-Fraktion schließlich zeigte eine Zunahme des relativen Anteiles am Gesamtgewicht. Unter Berücksichtigung des infolge der Zersetzung zwischen den zeitlich auseinanderliegenden Analysenterminen (Gruppe I und II) eingetretenen Substanzschwundes besteht jedoch die Vermutung, daß es sich bei dieser Anreicherung (+ 20%) um eine lediglich relative handelt. Da sich auch die Impulswerte von I → II um einen fast gleichen Betrag (+ 19,5%) erhöhten, die spezifische Aktivität innerhalb der Fraktion also konstant blieb, kommt man zu der Aussage, daß die R-Fraktion während des gesamten Zersetzungsabschnittes in ihrer absoluten Menge etwa konstant geblieben ist. Die R-Fraktionskomponenten unterlagen also (im Verlaufe der hier gewählten Zersetzungsspanne und bei den gegebenen Bedingungen) einem weder quantitativ im Fraktionsgewicht noch qualitativ über stoffliche Verschiebungen innerhalb der Fraktion sich bemerkbar machenden mikrobiellen Angriff.

Zusammenfassung

Nach 12tägiger Zersetzung wurde vorher in $^{14}CO_2$-Atmosphäre heterogen markierte Pflanzensubstanz (mit höheren spezifischen Radioaktivitäten bei den dem

Photosynthese-Zyklus zeitlich näher stehenden Sekundärprodukten) durch Anwendung einer Stoffgruppenanalyse in die B- (Extraktion mit Benzindestillat), A- (Alkoholextraktion), H_2O- und R- (Rest-) Fraktion zerlegt. Aus einem Vergleich der Fraktionsgewichte und ihrer spezifischen Aktivitäten (bzw. C*-Anteile) mit denen des noch unzersetzten Ausgangsmaterials ergab sich in erster Näherung ein Einblick in die Art der während der ersten Abbauphasen den Mikroben leichter zugänglichen Stoffe: Sowohl die B- als auch A-Fraktion (Lipoide, Farbstoffe; Zucker, freie AS) zeigten bei strakem Konzentrationsrückgang einen noch intensiveren Abfall ihrer spezifischen Aktivitäten. Für die H_2O-Fraktion (org. Säuren, Dextrine) ließ sich eine Konzentrationsabnahme bei nahezu konstant bleibender spez. Aktivität erkennen. Die R-Fraktion (Stärke, Proteine, Zellulose, Lignin) hingegen unterlag, wie sowohl aus der gleichbleibenden spez. Aktivität als auch unveränderten absoluten Konzentration zu ersehen war, noch keiner stoffgruppenanalytisch nachweisbaren Veränderung.

Резюме

Растительный материал, который гетерогенно мечен в атмосфере $C^{14}O_2$ (имеет более высокую активность вторичных продуктов, которые ближе к циклу фотосинтеза) после 12-дневного разложения разделился на фракции B (экстракция бензином), A (экстракция спиртом), H_2O и R (остаток). Путем сравнения веса отдельных фракций и их активности с данными исходного материала можно судить о том, какие вещества легче всего разлагаются в первые фазы при помощи микроорганизмов. У фракции B, также как и у A (липоиды, пигменты, сахара, свободные аминокислоты) отмечалось сильное уменьшение концентрации с еще бо́льшим уменьшением их специфической активности. Фракция H_2O (органические кислоты, декстрины) показывала уменьшение концентрации с постоянством специфической активности. Фракция R (крахмал, протеин, клетчатка, лигнин) не подлежала каким-либо заметным изменениям. Специфическая активность и абсолютная концентрация остались неизмененными.

Summary

After twelve days of decomposition plant substance, before marked heterogeneously in $^{14}CO_2$-atmosphere (with higher specific radioactivities of the secondary products temporal closer to the photosynthesis cycles), was decomposed by application of a „Stoffgruppenanalyse“ into B (extraction by benzine destillation), A (alcohol extraction), H_2O and R (rest) fraction. Comparing the fraction weight and their specific activities (C* portion resp.) with those of the not yet decomposed basic materials gave in a first approximation an insight into the materials easier of access for microbes during the first degradation phases: the B fraction as well as the A fraction (lipoids, coloured substances; sugar, free AS) showed a more intensive decrease of their specific activities under strong concentration retrogression. Regarding the H_2O fraction (organic acids, dextrines) a decrease of concentration under almost constant specific activity occurred. The R fraction (starch, proteins, cellulose, Lignin) did not show any analytical provable change, as could be seen from the steady specific activity as well as from the unchanged absolute concentration.

Literaturverzeichnis

[1] FREYTAG, H. E.: Über die Zersetzung von pflanzlichem Material im Boden und einige Erfahrungen in der Messung von $^{14}CO_2$ mit einer Gaszählkammer. Albrecht Thaer-Arch. 1962, **6**, 685–697

[2] SALENSKI, O. W., O. A. SEMICHATOWA und V. L. WOSNESSENSKI: Methodische Anwendung des radioaktiven Kohlenstoffes C-14 zum Studium der Photosynthese. 1955, Leningrad, Verl. Akad. Wiss. UdSSR, Moskau

Aus dem Institut für Bodenkunde und Pflanzenernährung der Humboldt-Universität zu Berlin
(Direktor: Prof. Dr. agr. habil. E. PLACHY)

H. LINDNER

Über die Abhängigkeit der Scherfestigkeit von Böden verschiedener mechanischer Zusammensetzung von der Dichte, der Porengrößenverteilung sowie dem Wassergehalt

Eingegangen: 26. 9. 1962

1. Einleitung und Problemstellung

Unter Schub- bzw. Scherfestigkeit des Bodens versteht man nach SCHULTZE-MUHS (12) den Widerstand des Bodens gegen eine Verschiebung in einer Gleit- oder Bruchfläche, die sich unter der Wirkung äußerer Kräfte bildet. Die Scherfestigkeit setzt sich aus der Haftfestigkeit oder Kohäsion (c) und der Reibungsfestigkeit ($R = \mu \cdot N$) zusammen. Die Reibung, in diesem Falle die Reibung Boden—Boden oder sog. innere Reibung, wird von dem Reibungskoeffizienten μ und der angewandten Normallast bestimmt (13, 14). Der Reibungskoeffizient q ist von der mechanischen Zusammensetzung, dem Humus- und Wassergehalt des Bodens sowie dem Reibungsweg abhängig. Auf kolloidreichen Böden kann der Reibungskoeffizient bei höherem Wassergehalt durch Adhäsion stark ansteigen (14).

Nach den Untersuchungen zahlreicher Autoren (13, 14, 16) nimmt die Scherfestigkeit von Bodenproben mit steigender Belastung zu. Der Anstieg der Scherfestigkeit ist einmal auf eine Erhöhung der Reibung infolge des Anwachsens von N zurückzuführen, zum anderen dürfte aber, besonders bei feuchten und locker gelagerten Böden, die Verbindung zwischen den einzelnen Bodenteilchen enger werden und damit die Kohäsion c ansteigen.

Der Scherfestigkeit des Bodens kommt bei der Bodenbearbeitung eine große Bedeutung zu. So wird der Energieaufwand, insbesondere beim Pflügen, wesentlich von der Scherfestigkeit beeinflußt, da die Zerkleinerung des Erdbalkens vor allem durch Scherkräfte erfolgt (7, 15). Außerdem hängt die Krümelung des Bodens von seiner Scherfestigkeit zum Zeitpunkt der Bearbeitung ab.

In letzter Zeit wurde von SCHAFFER (9) die Messung des Abscherwiderstandes des Bodens mit dem Flügelbohrer für die Beurteilung der Wirkung verschiedener Bodenbearbeitungsmaßnahmen vorgeschlagen und mit Erfolg angewandt. Die Auswertung der Meßwerte setzt die genaue Kenntnis der Beziehungen zwischen Scherfestigkeit und Wassergehalt sowie Porenvolumen voraus. Die aus der Literatur bekannten Ergebnisse lassen nur z. T. Rückschlüsse auf die genannten Beziehungen zu, da sie größtenteils an Bodenproben mit zerstörter Struktur untersucht wurden und die Messungen, besonders in der Baugrunduntersuchung, entsprechend der anderen Problemstellung an wassergesättigten Bodenproben bei Anwendung sehr langsam wirkender Schubkräfte erfolgten. Bei der Bodenbearbeitung und zumeist auch bei den Messungen auf Versuchsflächen liegt jedoch ein wesentlich geringerer Wassergehalt vor, und zum anderen wird der Boden plötzlich wirkenden Scherspannungen ausgesetzt.

Anm.: In der folgenden Abhandlung wird nach SCHEFFER-SCHACHTSCHABEL (11) zwischen Dichte des Bodens — früher Volumengewicht des trockenen Bodens — und Dichte der festen Bestandteile des Bodens unterschieden.

Das Ziel der vorliegenden Arbeit ist es, die bodentechnologisch wichtigen Beziehungen zwischen Scherfestigkeit und Dichte des Bodens, Porengrößenverteilung sowie Wassergehalt an Böden verschiedener mechanischer Zusammensetzung näher zu untersuchen. Die Messungen erfolgten an Stechzylinderproben, deren Wassergehalt, Dichte, Porenvolumen sowie Porengrößenverteilung bestimmt wurden. Der Einfluß steigender Normallast auf die Scherfestigkeit sollte in diesem Zusammenhang nicht näher geprüft werden. Es wurde ausschließlich mit konstanter Belastung von 1 kg/24,6 cm² (Stechzylinderöffnung) gearbeitet, was etwa der Belastung der unteren Schichten des Erdbalkens beim Pflügen entspricht.

2. Untersuchungsmethodik

Die Scherfestigkeitsmessungen erfolgten an Stechzylinderproben mit dem von ZSCHAAGE (18) entwickelten Schergerät. Zur Untersuchung der Beziehungen zwischen Scherfestigkeit und Dichte sowie Porengrößenverteilung wurden Bodenproben herangezogen, die zur Prüfung des Einflusses höherer Arbeitsgeschwindigkeiten beim Pflügen auf die Struktur des Bodens auf verschiedenen Versuchsflächen entnommen wurden. Die Messung erfolgte nach der Porengrößenbestimmung mittels der Kapillarimetermethode von SEKERA. Die Bodenproben hatten also vergleichbare Wassergehalte, entsprechend einem pF-Wert von 3,0. Der Wassergehalt betrug bei Boden A 5 Gew.%, Boden B 12 Gew.% und Boden C 19 Gew.%.

Zur Prüfung des Einflusses verschiedener Wassergehalte auf die Scherfestigkeit wurden auf den Versuchsflächen Bodenproben im natürlich gelagerten Boden sowie in einer Schlepperspur entnommen. Die Probeentnahme erfolgte auf eng begrenztem Raum, um Proben mit möglichst einheitlichem PV zu erhalten. Die naturfeuchten Proben wurden im Labor stufenweise zurückgetrocknet. Zur Untersuchung der Wirkung des Anfeuchtens nach Austrocknung des Bodens wurden die Stechzylinderproben nach der Rücktrocknung verschieden stark mit Wasser begossen und nach zweitägiger Lagerung unter Verdunstungsschutz zur Messung herangezogen.

3. Charakterisierung der untersuchten Böden

In Tabelle 1 ist die mechanische Zusammensetzung sowie der Humusgehalt der untersuchten Böden angegeben. Der Bornimer Boden (Boden A) ist als leicht podsolierter Sandboden anzusprechen. In seinen physikalisch-mechanischen Eigenschaften weicht er jedoch auf Grund seines Gehaltes von 8% abschlämmbaren

Tabelle 1

Mechanische Zusammensetzung und Humusgehalt der untersuchten Böden (in %)

Boden	Fraktion						
	2–02 mm	0,2–0,02 mm	0,02–0,001 mm	0,01–0,005 mm	0,005–0,002 mm	< 0,002 mm	Humus
A Bornim	30,4	61,6	2,5	1,0	1,2	3,3	0,86
B Dummerstorf	15,2	66,5	5,4	3,0	2,7	7,2	1,67
C Bad Lauchstädt	1,6	44,9	18,5	8,0	6,1	20,9	3,01

Teilchen vom reinen Sandboden wesentlich ab. Bei der Dummerstorfer Versuchsfläche (Boden B) handelt es sich um eine Parabraunerde und bei dem Boden in Bad Lauchstädt (Boden C) um eine Schwarzerde.

4. Versuchsergebnisse

4.1 Beziehungen zwischen Scherfestigkeit, Dichte und Porengrößenverteilung

Wie Abbildung 1 zeigt, ist die Scherfestigkeit der Dichte des Bodens direkt proportional. Besonders bei der Schwarzerde (Boden C) besteht eine deutliche positive Korrelation (r = 0,86). Für Boden B wurden an Proben vom 6. 10. und 29. 11. 1961 Korrelationskoeffizienten von r = 0,65 und r = 0,57 ermittelt. Beim Sandboden besteht nur eine geringe Korrelation (r = 0,35). Alle Korrelationskoeffizienten sind sehr gut statistisch gesichert, da P unter 0,1% liegt.

Mit zunehmender Lagerungsdichte, also abnehmendem PV, steigt die Scherfestigkeit bei konstantem Wassergehalt des Bodens an. Die Einzelwerte zeigen eine recht starke Streuung (s. Abb. 2, 3 und 4), die auf die vielfältigen Lagerungsmöglichkeiten der einzelnen Bodenteilchen zueinander zurückgeführt wird. V. BOGUSLAVSKI und LENZ (4) sowie SCHAFFER (10) haben für diese Erscheinung den Begriff „Bodenverband" vorgeschlagen.

Die Scherfestigkeit des Sandbodens (Boden A) ist am geringsten. Bei gleicher Dichte ist die Scherfestigkeit der verschiedenen Böden um so höher, je größer ihr Gehalt an Ton und Schluff ist. Außerdem ist zu erkennen, daß die Zunahme der Scherfestigkeit bei ansteigender Dichte von Ton- und Schluffgehalt des Bodens abhängig ist. So beträgt der Regressionskoeffizient by für die Korrelation Scherfestig-

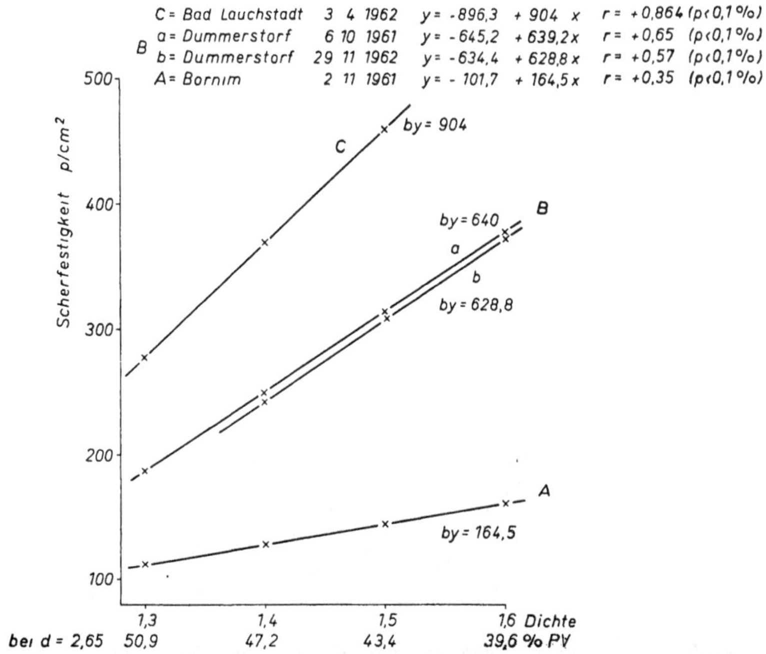

Abb. 1: Beziehungen zwischen Scherfestigkeit und Dichte des Bodens (Messung bei pF 2,9)

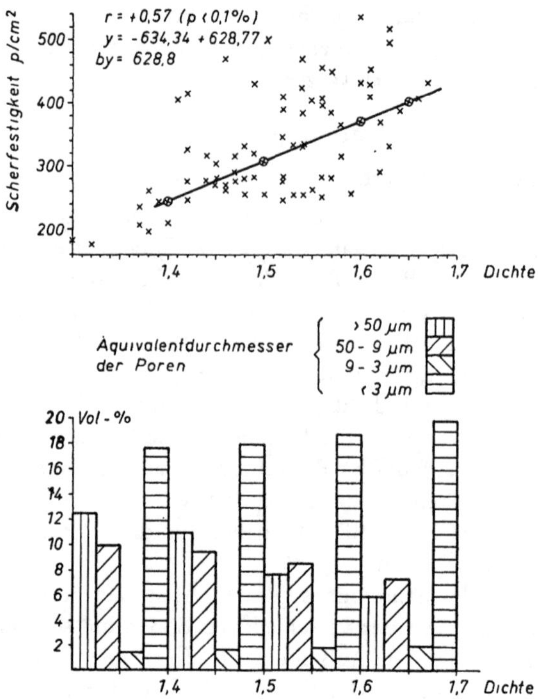

Abb. 2: Beziehungen zwischen Scherfestigkeit des Bodens, Dichte und Porengrößenverteilung (Versuchsfläche Bornim, 2. 11. 1961, Messung bei pF 2,9)

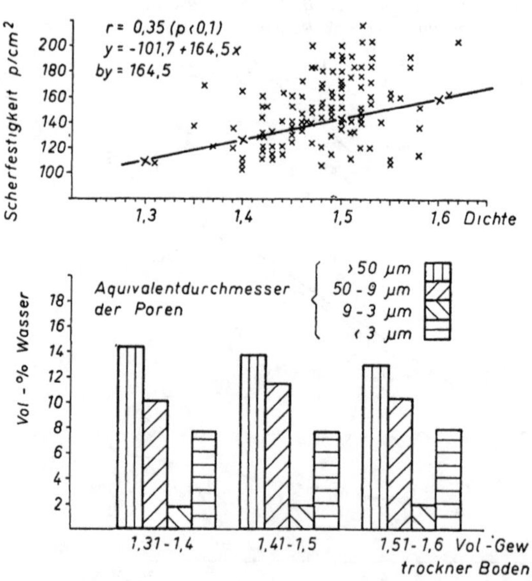

Abb. 3: Beziehungen zwischen Scherfestigkeit des Bodens, Dichte und Porengrößenverteilung (Versuchsfläche Dummerstorf, 29. 11. 1961, Messung bei pF 2,9)

keit — Dichte für den Sandboden (A) nur 164,5, für Boden B dagegen 628 und Boden C 904, d. h., die Scherfestigkeit nimmt bei Zunahme der Dichte um 0,1 (z. B. von 1,4 auf 1,5), bei Boden A um 16,5, Boden B um 63 und Boden C um 90 p/cm² zu. Für Bodenproben vom 6. 10. 1961 von Boden B betrug by 640, was mit der Messung vom 29. 11. (by = 628) gut übereinstimmt.

Das Ansteigen der Scherfestigkeit mit zunehmender Dichte wird durch die engere Verbindung der Bodenteilchen bedingt, wie es auch die Porengrößenanalysen beweisen, die in den Abbildungen 2, 3 und 4 unter den Scherfestigkeitsmeßwerten graphisch dargestellt sind. Die Einzelwerte wurden dazu in Klassen mit gleicher Dichte zusammengefaßt.

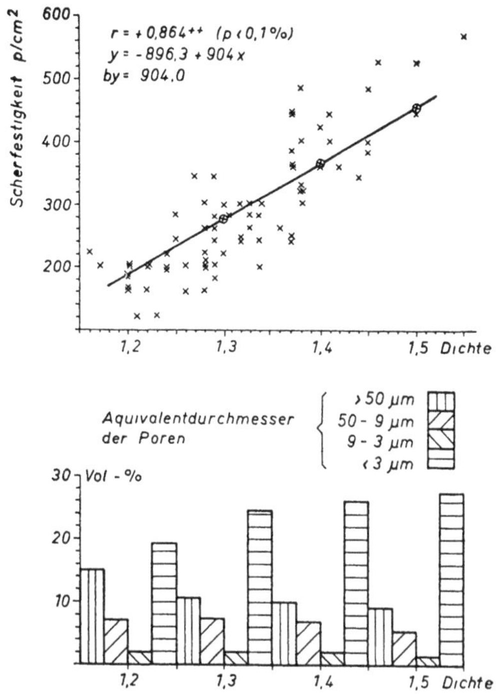

Abb. 4: Beziehungen zwischen Scherfestigkeit des Bodens, Dichte und Porengrößenverteilung (Versuchsfläche Bad Lauchstädt, 3. 4. 1961, Messung bei pF 2,9)

Die Bodenproben wurden bei der Porengrößenanalyse Unterdrucken von 4, 25 und 75 cm Hg ausgesetzt, wodurch jeweils die Poren mit folgenden Äquivalentdurchmessern entwässert wurden: 50 µm, 50—9 µm, 9—3 µm. Die erste Gruppe umfaßt nach de BRODT und de LEENHEER (s. SCHACHTSCHABEL) die schnell dränenden groben Poren und die zweite Gruppe (50—9 µm) die langsam dränenden groben Poren. Die mittleren Poren (9—2 µm Durchmesser) können durch Absaugen nicht völlig entleert werden, da bereits bei einem Unterdruck von nahe einer Atm. Wasser verdampft. So fällt das nach dem Absaugen in den Proben noch verbleibende Wasser eines Teiles der mittleren Kapillaren sowie der feinen Kapillaren (< 0,2 µm) aus.

Aus den graphischen Darstellungen geht hervor, daß Scherfestigkeit und Dichte des Bodens vor allem bei Abnahme des Anteils der schnell dränenden groben Poren und Erhöhung des Anteils der mittleren und feinen Poren ansteigen. Diese Erscheinung ist vor allem bei Lehm und lehmigem Sand (Abb. 3 und 4), weniger dagegen bei dem Sandboden (Abb. 2) zu beobachten.

4.2 Beziehungen zwischen Scherfestigkeit und Wassergehalt des Bodens

Während sich die Beziehung Scherfestigkeit — Dichte des Bodens der Gleichung einer Geraden unterordnet, zeigen die Beziehungen zwischen Scherfestigkeit und Wassergehalt (Abb. 5, 6 und 7) eine nicht-lineare Regression. Dabei sind die quadratischen Komponenten der Regressionsgleichungen gut bzw. sehr gut statistisch gesichert (P < 1 bzw. 0,1%). Die Scherfestigkeit nimmt also mit zunehmendem Wassergehalt ab, wobei die Abnahme besonders bei höheren Wassergehalten fortlaufend kleiner wird. Die verdichteten Bodenproben aus einer Schlepperspur zeigen

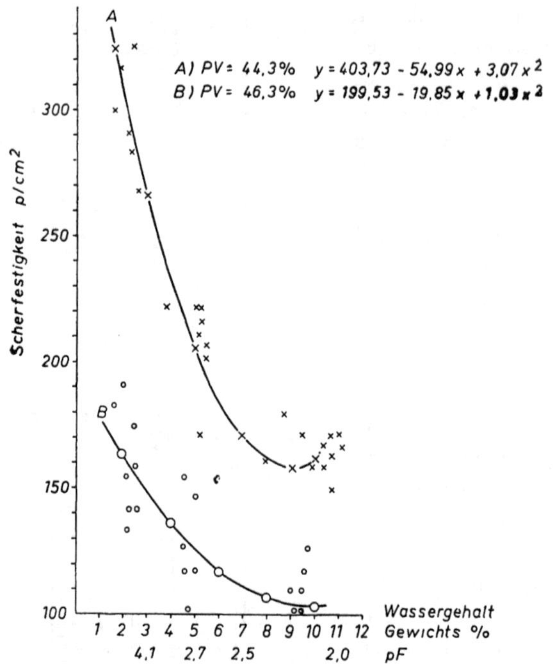

Abb. 5: Beziehungen zwischen Scherfestigkeit und Wassergehalt des Bodens (Versuchsfläche Bornim, 2. 11 1961)

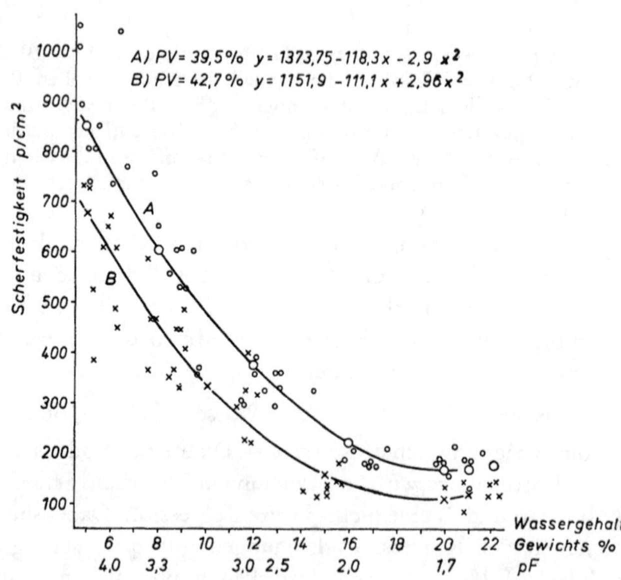

Abb. 6: Beziehungen zwischen Scherfestigkeit und Wassergehalt des Bodens (Versuchsfläche Dummerstorf, November 1961)

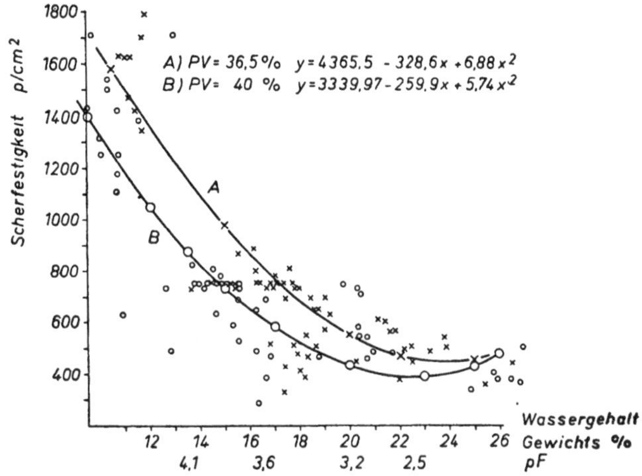

Abb. 7: Beziehungen zwischen Scherfestigkeit und Wassergehalt des Bodens (Versuchsfläche Bad Lauchstädt, Dezember 1961)

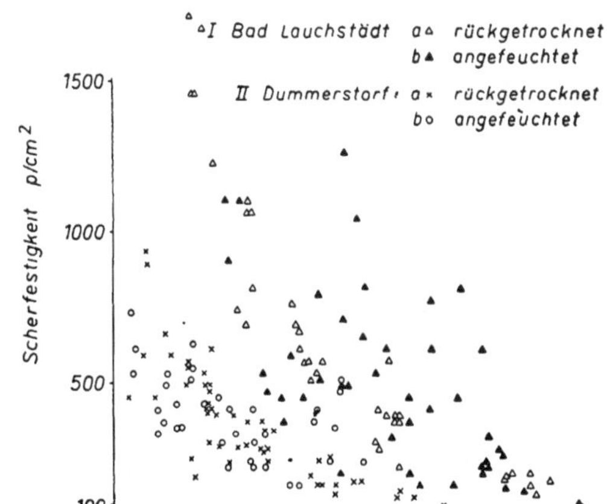

Abb. 8: Beziehungen zwischen Scherfestigkeit und Wassergehalt des Bodens
a) bei stufenweiser Austrocknung
b) bei stufenweiser Anfeuchtung trockner Proben

die gleiche Tendenz wie die Bodenproben in natürlich lockerer Lagerung. Jedoch ist die Scherfestigkeit in der Schlepperspur wesentlich höher, was die oben festgestellten Beziehungen bestätigt. Außerdem ist die Zunahme der Scherfestigkeit mit absinkendem Wassergehalt bei dichter Lagerung des Bodens höher als bei weniger dicht gelagertem Boden. Zu ähnlichen Feststellungen kamen SCHAFFER (10) bei Messungen mit dem Flügelbohrer sowie WERSCHININ und KOSSARTSCHUK (17) bei Messungen mit der Bodensonde.

Die Meßwerte der nach der Rücktrocknung angefeuchteten Stechzylinderproben (s. Abb. 8) liegen im gleichen Bereich wie die Meßwerte der rückgetrockneten

Proben. Die ersteren zeigen jedoch eine wesentlich stärkere Streuung der Einzelwerte, die auf die unterschiedliche Anfeuchtung der Bodenproben in der Scherebene zurückgeführt wird.

5. Diskussion der Ergebnisse und Schlußfolgerungen

Die vorliegenden Ergebnisse lassen die Schlußfolgerung zu, daß Bodenbearbeitungsmaßnahmen, die sich in einer Erhöhung der Scherfestigkeit auswirken, wie z. B. Walzen (9) oder höhere Arbeitsgeschwindigkeiten beim Pflügen[1], den Anteil der luftführenden Hohlräume im Boden zugunsten der kapillar wirksamen Poren vermindern. Eine Beurteilung der Wirkung verschiedener Bodenbearbeitungsmaßnahmen auf Grund der Scherkraftmeßwerte ist möglich, wenn die Messungen auf einem Boden mit gleicher mechanischer Zusammensetzung und gleichem Wassergehalt erfolgen. Durch Abnahme des Wassergehaltes des Bodens wird — offensichtlich infolge Verringerung der Dicke der Wasserfilme — die Kohäsion des Bodens und damit die Scherfestigkeit erhöht. Dabei wirkt besonders bei geringem Wassergehalt eine weitere Austrocknung wesentlich stärker auf die Scherfestigkeit als bei höherem Wassergehalt. Die Scherfestigkeit des Bodens ist dem Wassergehalt umgekehrt, dem pF-Wert dagegen direkt proportional. Die Gleichung von GREACEN (5) $Su = (P + s) \tan \varphi s_s (1 - E)$, in der Su die Scherfestigkeit des ungesättigten Bodens, P die angewandte Normallast, s die Saugspannung in g/cm^2, $\tan \varphi s_s$ den Reibungskoeffizienten des gesättigten Bodens und E den Anteil der lufterfüllten Poren ausdrücken, konnte jedoch nicht bestätigt werden. Die nach dieser Formel berechneten Werte liegen im Vergleich zu den gemessenen Werten bei geringer Saugspannung zu tief und bei hoher Saugspannung wesentlich zu hoch. Ferner zeigen die Ergebnisse eine völlig andere Tendenz als die von NICHOLS (6) an Proben mit zerstörter Struktur ermittelten Beziehungen. NICHOLS fand bei kolloidreichem Boden, daß die Scherfestigkeit mit steigendem Wassergehalt bis zu einem Maximum in der Nähe der Ausrollgrenze zunimmt und danach wieder absinkt, was bei Anfeuchten trockenen Bodens mit zerstörter Struktur durchaus zutreffen mag. Bei den untersuchten Böden liegt die Ausrollgrenze des Bodens B bei 16% und des Bodens C bei 21%. Die Scherfestigkeit der Bodenproben in natürlicher Lagerung ist jedoch bei diesem Wassergehalt schon wesentlich abgesunken. Es lassen also nur Untersuchungen an Bodenproben mit unzerstörter Struktur Schlußfolgerungen für die Bodenbearbeitung zu.

Die Untersuchungsergebnisse zeigen in Übereinstimmung mit praktischen Erfahrungen, daß bei trockenem Boden, abgesehen vom leichten Sandboden, die Scherfestigkeit und damit der Energieaufwand bei der Bodenbearbeitung recht hoch liegen und die Krümelung des Bodens minimal ist. Mit zunehmendem Wassergehalt nimmt die Scherfestigkeit ab, der Boden kann durch die auftretenden Scherspannungen leichter gekrümelt werden, und der Zugwiderstand sinkt. So konnte BACHTIN (1, 2, 3) beim Pflügen bei ansteigendem Wassergehalt des Bodens bis zu einer bestimmten Grenze, die mit zunehmender Arbeitsgeschwindigkeit ansteigt, eine Verminderung des Zugwiderstandes sowie eine Erhöhung des Anteils optimaler Krümelgrößen (10—1 mm) feststellen. Obwohl die Scherfestigkeit mit zunehmen-

[1] Über entsprechende Ergebnisse wird vom Vf. demnächst berichtet.

dem Wassergehalt bis über die Wasserkapazität des Bodens hinaus weiter abfällt, steigt jedoch der Zugwiderstand wieder an, was auf eine Erhöhung der Reibung und Adhäsion zurückgeführt wird.

Zusammenfassung

Mit einem von ZSCHAAGE entwickelten Schergerät wurden die Beziehungen zwischen der Scherfestigkeit verschiedener Böden zur Dichte des Bodens, Porengrößenverteilung und zum Wassergehalt untersucht. Die Scherfestigkeit des Bodens ist bei konstantem Wassergehalt der Dichte direkt proportional. Bei dem Sandboden besteht nur eine geringe, bei dem Lehmboden dagegen eine hohe Korrelation. Die Scherfestigkeit der verschiedenen Böden nimmt mit zunehmendem Ton- und Schluffgehalt zu. Außerdem steigt der Regressionskoeffizient für die Beziehung Scherfestigkeit — Dichte des Bodens mit zunehmendem Ton- und Schluffgehalt des Bodens an. Die Zunahme der Scherfestigkeit bei ansteigender Lagerungsdichte ist mit einer Verminderung des Anteils der schnell dränenden groben Poren sowie einer Zunahme an feinen und mittleren Poren verbunden.

Die Beziehungen zwischen Scherfestigkeit und Wassergehalt ordnen sich einer quadratischen Gleichung unter. Dabei ist die Scherfestigkeit um so höher, je dichter und trockener der Boden ist. Mit steigendem Wassergehalt sinkt die Scherfestigkeit des Bodens ab, wobei die Abnahme bei höheren Wassergehalten laufend geringer wird. Die Ergebnisse werden diskutiert und entsprechende Schlußfolgerungen für die Bodenbearbeitung abgeleitet.

Резюме

Исследовались соотношения между сопротивлением сдвигу, удельным весом скелета, распределением почвенных пор по величине и влажностью. Применявшийся прибор был сконструирован инж. Чааге. Сопротивление сдвигу при постоянной влажности прямо пропорционально удельному весу скелета почвы. В песчаной почве имеется незначительная, в суглинистой — высокая корреляция. С повышением содержания илистых и пылеватых частиц повышается сопротивление сдвигу в разных почвах. Кроме того, увеличивается коэффициент регрессии для отношения ,,сопротивление сдвигу — удельный вес скелета‘‘ при повышении содержания ила и пыли. Увеличение сопротивления сдвигу при повышении удельного веса скелета почвы связано с уменьшением доли грубых быстродренирующих пор и увеличением доли пор тонкого и среднего диаметра.

Отношение между сопротивлением сдвигу и влажностью подчиняется квадратному уравнению. При этом сопротивление сдвигу тем выше, чем плотнее и суше почва. С увеличением влажности уменьшается сопротивление сдвигу, причем уменьшение убывает при более высоких влажностях. Результаты опытов обсуждаются и даются выводы для обработки почв.

Summary

With a shearing machine developed by ZSCHAAGE the relations between the shearing strength of several soils and the density of soils, distribution of pores and the content of water have been examined. At a constant water content the shearing strength of the soil is directly proportional to the density. As to sandy soil there exists only a small as to loamy soil, however, a high correlation. The shearing strength of the different soils grows with increasing clayand silt-content. Besides this the regression coefficient for the relation shearing strength-density of the soil raises with growing clay- and silt-content of the soil. The increase of the shearing power at raising density of storing is connected with a lowering of the part of the quickly draining big pores as well as an increase of fine and medium pores.

The relations between shearing strength and water content subordinate themselves to a quadratic equation. By this the shearing strength is the higher the denser and dryer the soil is. With growing water content the shearing strength of the soil decreases whereby the decreasing lowers with higher water contents. The results are being discussed and the corresponding conclusions for the cultivation of soil are being drawn.

Literaturverzeichnis

[1] BACHTIN, P. U.: Die Bearbeitung des Bodens mit verschiedenen Pfluggeschwindigkeiten (russisch). Semledelie 1960, **8**, Nr. 9, 39—42

[2] BACHTIN, P. U.: Die Bedeutung der Feuchtigkeit bei der Bodenbearbeitung. Tag.-Ber. Dt. Akad. Landwirtsch.-Wiss. Berlin 1960, **28**, 283—290

[3] BACHTIN, P. U., und A. F. WADJUNINA: Die physikalisch-mechanischen Bodeneigenschaften als bestimmender Faktor für die Arbeit landwirtschaftlicher Maschinen. 1960, Berlin, VEB Dt. Bauernverl.

[4] BOGUSLAWSKI. E. und K. O. LENZ: Untersuchungen über mechanische Widerstandsmessungen mit einer Rammsonde auf Ackerböden. Z. Acker- u. Pflanzenbau 1959, **109**, 33—48

[5] GREACEN, E. L.: Water content and soil strength. J. Soil Sci. 1960, **11**, 313—333

[6] NICHOLS, M. L.: The dynamic properties of soil III shaer values of uncemented soils. Agric. Engng. 1932, **13**, 201—204

[7] NICHOLS, M. L., und J. F. REED: Soil dynamics. VI. Physical reaktion of soil to Molboard surfaces. Agric. Engng 1934, **15**, 187—190

[8] SCHACHTSCHABEL, P., und K. HARTGE: Untersuchungen über die Porengrößenverteilung an 3 Marschprofilen. Z. Pflanzenernähr., Düng., Bodenkde. 1958, **81** (**126**), 141—148

[9] SCHAFFER, G.: Eine Methode der Abscherwiderstandsmessung bei Ackerböden zur Beurteilung ihrer Strukturfestigkeit im Felde. Landwirtsch. Forsch. 1960, **13**, 24—33

[10] SCHAFFER, G.: Veränderungen der Bodenstruktur als Folge ackerbaulicher Maßnahmen. Arbeiten der Landwirtschaftlichen Hochschule Hohenheim 1961, **6**, Stuttgart, Verl. E. Ulmer

[11] SCHEFFER-SCHACHTSCHABEL: Lehrbuch der Agrikulturchemie und Bodenkunde. I. Bodenkunde, 1960, 5. Aufl., 148—149, Stuttgart, Enke-Verl.

[12] SCHULTZE-MUSS: Bodenuntersuchungen für Ingenieurbauten. 1950, S. 270, Springer-Verl.

[13] SÖHNE, W.: Kraftübertragung zwischen Schlepperreifen und Ackerboden. Grundl. Landtechn. 1953, H. 3, 75—87

[14] SÖHNE, W.: Reibung und Kohäsion bei Ackerböden. Grundl. Landtechn. 1956, H. 7, 11—27.

[15] SÖHNE, W.: Einige Grundlagen für eine landtechnische Bodenmechanik. Grundl. Landtechn. 1956, H. 7, 11—27

[16] TIEDEMANN, B.: Über die Schubfestigkeit bindiger Böden. Bautechnik 1937, **15**, 400—403

[17] WERSCHININ, P. W., und KOSSARTSCHUK: Über den Einfluß der Feuchtigkeit auf den Zugwiderstand beim Pflügen des Bodens mit hoher Geschwindigkeit (russisch). Westnik seloskochosaistwenni nauki 1960, 2

[18] ZSCHAAGE: Arch. Landtechnik (z. Z. im Druck)

Aus dem Institut für Saatgut und Ackerbau Halle-Lauchstädt
der Deutschen Akademie der Landwirtschaftswissenschaften zu Berlin
(Direktor: Prof. Dr. agr. habil. H. RÜTHER)

H. ANSORGE

Untersuchungen über die zeitliche Nährstoffaufnahme von Winterweizen und Sommergerste bei langjährig unterschiedlicher Düngung

Eingegangen: 8. 8. 1962

Über die zeitliche Nährstoffaufnahme der Kulturpflanzen wurden bereits bald nach der Einführung der mineralischen Düngung Untersuchungen von LIEBSCHER und REMY (1—4) durchgeführt. Auch in neueren Arbeiten wurde der Verlauf der Nährstoffaufnahme des öfteren überprüft, um auf Grund dieser Ergebnisse Empfehlungen für den zeitlich richtigen Einsatz der mineralischen Düngemittel zu geben (5—15). Alle Arbeiten zeigten, daß die Aufnahme der einzelnen Nährstoffe unterschiedlich schnell verläuft, daß sie der Trockensubstanzbildung vorauseilt und daß vor dem Reifen der Früchte fast immer ein Verlust an Nährstoffen, vor allem an Kali, eintritt (6, 12, 13, 16). In Düngungsversuchen, in welchen die Nährstoffe entsprechend ihrer Aufnahme in zeitlichen Abständen verabreicht wurden, konnten jedoch im allgemeinen keine wesentlichen Ertragssteigerungen erzielt werden (8, 14, 17), sondern es wurde festgestellt, daß für ein gutes Wachstum vor allem ein reichliches Nährstoffangebot während der Jugendentwicklung notwendig ist. Die gegenseitige Beeinflussung der einzelnen Nährstoffe in ihrer zeitlichen Aufnahme ist erst in neuerer Zeit näher untersucht worden (18—24), und es wurden z. T. mehr oder weniger starke Wechselbeziehungen zwischen den einzelnen Nährstoffen gefunden.

Zur Überprüfung der Fragen, in welchem Ausmaß unter Feldbedingungen akuter Mangel an Stickstoff, Phosphorsäure oder Kali die zeitliche Aufnahme der drei Hauptnährstoffe im Vergleich zur Volldüngung wechselseitig beeinflußt, wurden in den Jahren 1957—1959 laufend Probeschnitte von den einzelnen Parzellen des „Statischen Düngungsversuches" Lauchstädt durchgeführt. Da in diesem Versuch neben den Parzellen mit mineralischer Düngung auch die Frage der Stallmistdüngung enthalten ist, wurde die zeitliche Nährstoffaufnahme von den Ernteprodukten der Parzellen, die über 50 Jahre rein mineralisch gedüngt wurden, im Vergleich zu denen, die ständig Stallmist bekamen, ebenfalls überprüft. Die Untersuchungen erstreckten sich vorerst auf die beiden Getreidearten Winterweizen und Sommergerste.

Über die Anlage, Ertragszahlen und Bodenuntersuchungen des „Statischen Düngungsversuches" Lauchstädt, der bereits 1902 von SCHNEIDEWIND auf Schwarzerde angelegt wurde, ist bereits ausführlich berichtet worden (25—28), so daß auf diese Fragen nur kurz eingegangen zu werden braucht.

Der „Statische Versuch" Lauchstädt läuft in der Fruchtfolge Zuckerrüben, Sommergerste, Kartoffeln, Winterweizen. Diese Früchte werden auf den vier Schlägen in jedem Jahr nebeneinander angebaut. In Querrichtung wurden die einzelnen Schläge in drei große Blöcke unterteilt, von denen Block A 300 dt/ha Stallmist und Block B 200 dt/ha Stallmist jedes zweite Jahr zur Hackfrucht erhält. Block C blieb seit Anlage ohne Stallmistdüngung. In jeden dieser Blocks ist nochmals ein mineralischer Nährstoffmangelversuch mit den Varianten NPK, NP, NK, N, PK und O (ohne mineralische Düngung) eingebaut. Die Höhe der mineralischen Düngung ist in Tabelle 1 wiedergegeben.

Tabelle 1

Düngeplan des „Statischen Versuches" Lauchstädt

	(kg/ha) Parzellen 1—12 mit Stallmist			(kg/ha) Parzellen 13—18 ohne Stallmist		
	N	P_2O_5	K_2O	N	P_2O_5	K_2O
Zuckerrüben	90	100	120	120	100	200
Kartoffeln	40	100	120	60	100	120
Winterweizen	30	50	80	60	50	80
Sommergerste	20	50	80	40	50	80

Wie bereits erwähnt, sollte in unseren Untersuchungen der Einfluß des akuten Nährstoffmangels auf die zeitliche Aufnahme von Stickstoff, Phosphorsäure und Kali überprüft werden. Deshalb erfolgten die Probeschnitte auf jeweils einem Quadratmeter kontinuierlich über die ganze Vegetationsperiode verteilt auf den Volldüngungs- und völlig ungedüngten Parzellen sowie den N-, P- und K-Mangelparzellen des rein mineralisch gedüngten Blocks. Um außerdem eine Übersicht über den Verlauf der Nährstoffaufnahme bei rein mineralischer Düngung und bei ständiger Stallmistzufuhr zu bekommen, wurden auf den NPK- und O-Parzellen der drei Blöcke (300 dt/ha Stallmist, 200 dt/ha Stallmist und ohne Stallmist) ebenfalls laufend Proben geschnitten.

Die Probenahme erfolgte in den einzelnen Jahren immer im gleichen Entwicklungsstadium des Getreides, und zwar 1957 und 1958 jeweils auf zwei Schlägen und 1959 auf einem Schlag. Insgesamt wurden in jedem Jahr 6 bzw. 7 Probeschnitte je Parzelle genommen, über deren Zeitpunkt Tabelle 2 einen Überblick gibt.

Tabelle 2

Zeitpunkt der Probeschnitte von Winterweizen und Sommergerste im „Statischen Versuch" Lauchstädt

Ernte	Entwicklungsstadium	Datum der Probenahme		
		1957	1958	1959
	Sommergerste			
I	15 cm Pflanzenhöhe	2. 5.	14. 5.	24. 4.
II	30 cm Pflanzenhöhe	17. 5.	28. 5.	6. 5.
III	z. Z. des Halmstreckens	31. 5.	10. 6.	21. 5.
IV	kurz nach dem Ährenschieben, vor der Blüte	14. 6.	25. 6.	3. 6.
V	zwischen Blüte und Milchreife	28. 6.	9. 7.	15. 6.
VI	kurz vor der Gelbreife	12. 7.	22. 7.	7. 7.
	Winterweizen			
I	15 cm Pflanzenhöhe	5. 4.	6. 5.	10. 4.
II	35 cm Pflanzenhöhe	25. 4.	20. 5.	30. 4.
III	kurz nach dem Halmstrecken	17. 5.	3. 6.	21. 5.
IV	kurz vor dem Ährenschieben	31. 5.	17. 6.	3. 6.
V	z. Z. der Blüte	14. 6.	2. 7.	15. 6.
VI	zwischen Blüte und Milchreife	28. 6.	15. 7.	29. 6.
VII	zwischen Milch- und Gelbreife	12. 7.	30. 7.	13. 7.

Von den einzelnen Schnitten wurden neben dem Frischgewicht und der Trockensubstanz die Gehalte an Stickstoff, Phosphorsäure und Kali in der Trockensubstanz bestimmt. In den folgenden Darstellungen wurden die Nährstoffgehalte, die Nährstoffentzüge und zum besseren Vergleich jeweils die geerntete Trockenmasse (umgerechnet auf 1 ha) aufgezeichnet. Um die Schwankungen der einzelnen Jahre auszuschalten und um eine größere Sicherheit zu bekommen, wurden die Ergebnisse der einzelnen Jahre für das jeweilige Entwicklungsstadium gemittelt.

Die Ergebnisse der Stickstoffuntersuchungen des Winterweizens und der Sommergerste sind in den Abbildungen 1—4 aufgezeichnet. Die Trockensubstanzerträge stiegen sowohl bei der Sommergerste als auch bei Winterweizen nach einem anfänglich auf allen Parzellen langsameren Wachstum vom Zeitpunkt des Halmstreckens an stark an. Die Entwicklung auf den Volldüngungsparzellen, vor allem den mit NPK und Stallmist gedüngten, war hierbei am stärksten. Auf den Parzellen ohne Stallmistdüngung wirkte sich der Phosphorsäuremangel in einer sehr langsamen Jugendentwicklung bei beiden Früchten aus. Nach dem Halmstrecken blieben beim Winterweizen jedoch die Erträge auf den Stickstoffmangelparzellen weitaus stärker zurück als beim Fehlen von Phosphorsäure, während bei der Gerste auf beiden Mangelparzellen etwa die gleichen Erträge erzielt wurden.

Die Höhe der Stickstoffgehalte war auf sämtlichen NPK- und O-Parzellen (Abb. 1 und 2) mit und ohne Stallmist ziemlich gleich. Sowohl bei der Sommergerste als auch beim Winterweizen wurden beim ersten Schnitt auf allen Parzellen sehr hohe Stickstoffgehalte von etwa 5% N in der Trockensubstanz gefunden. Erstaunlich ist hierbei, daß auch die N-Gehalte auf den völlig ungedüngten Parzellen nicht wesentlich unter denen der Volldüngungsparzellen lagen. Die Stickstoffgehalte nahmen dann mit zunehmender Trockensubstanzbildung schnell ab, und zwar in den ersten Entwicklungsstadien wesentlich stärker als vor dem Reifen des Getreides. Besonders auffällig ist bei der Betrachtung der Stickstoffgehaltskurven, daß vor allem bei der Sommergerste auch die Abnahme der Stickstoffgehalte auf allen NPK- und O-Parzellen ziemlich gleichmäßig verlief und daß selbst auf der völlig ungedüngten Parzelle in späteren Entwicklungsstadien kein größerer Abfall des N-Gehaltes eingetreten ist.

Einen anderen Verlauf nehmen die Kurven der N-Gehalte der ohne Stallmist gedüngten Mangelparzellen, deren Ergebnisse in den Abbildungen 3 und 4 zusammengestellt sind. Während hier auf der PK-Parzelle bei beiden Früchten gleich in der Jugendentwicklung niedrigere N-Gehalte als auf der Volldüngungs- und bei der Sommergerste selbst auf der völlig ungedüngten Parzelle vorhanden waren, wiesen die Getreideschnitte in der Hauptwachstumszeit auf den Kali- und vor allem auf den Phosphorsäuremangelparzellen wesentlich höhere N-Gehalte als bei Volldüngung auf.

Die aus den Trockensubstanzerträgen und den Stickstoffgehalten errechneten Stickstoffentzüge zeigen beim Vergleich der NPK- und O-Parzellen mit und ohne Stallmist (Abbildung 1 und 2) etwa die gleichen Tendenzen wie die Entwicklung der Trockensubstanzerträge. Dies ging auch schon aus den fast einheitlichen Stickstoffgehalten auf diesen Parzellen hervor. Zum Teil lagen die Stickstoffaufnahmen mit Werten bis über 80 kg/ha N bei der Sommergerste und über 150 kg/ha N bei dem Winterweizen sehr hoch. Die N-Aufnahme war zu Beginn der Vegetationszeit besonders groß. Dieser hohe Stickstoffentzug ließ nach dem Halmstrecken etwas nach,

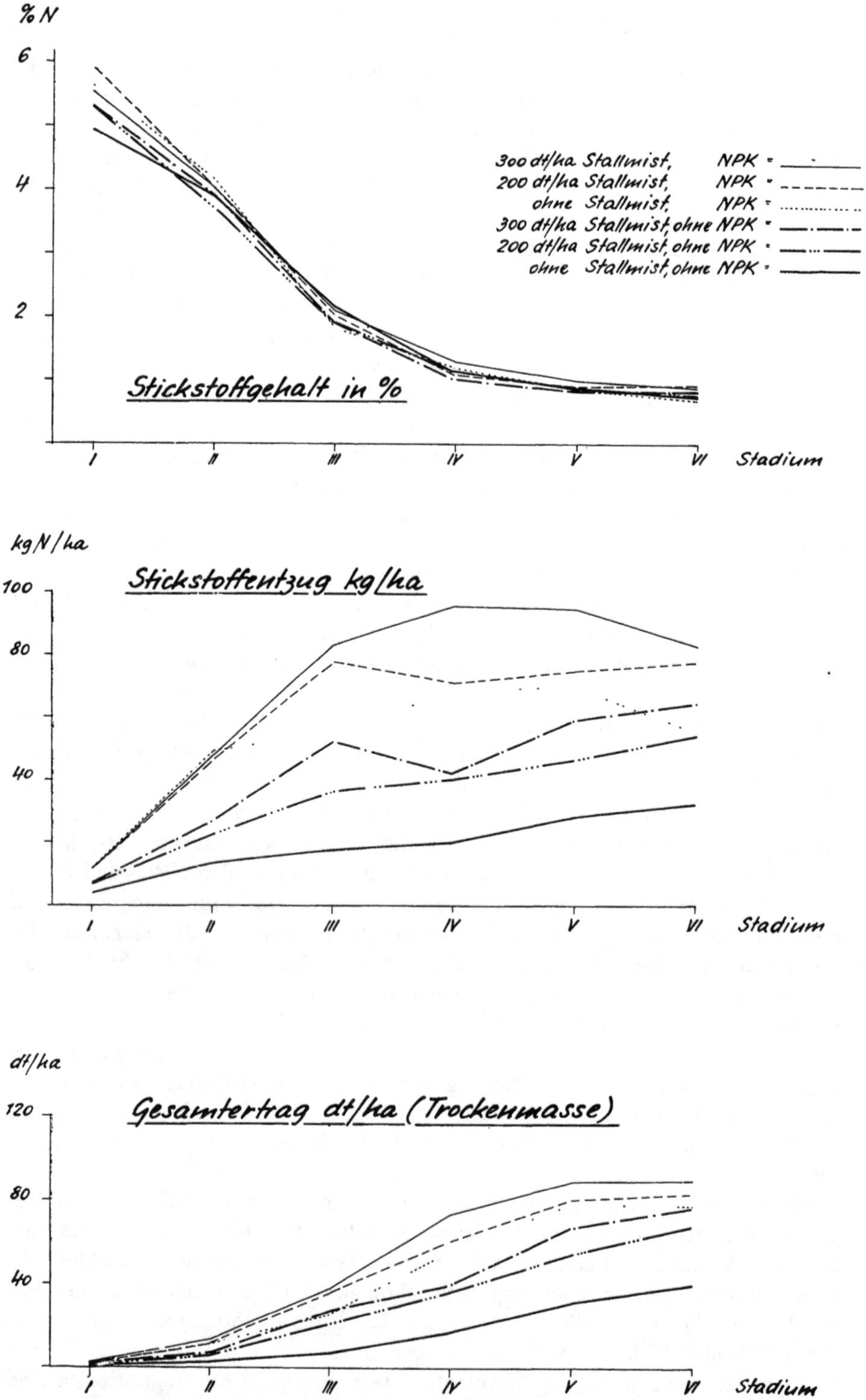

Abb. 1: „Statischer Versuch" Lauchstädt — Sommergerste — Vergleich der zeitlichen Stickstoffaufnahme auf den NPK- und O-Parzellen mit und ohne Stallmist (Mittel aus 5 Untersuchungen)

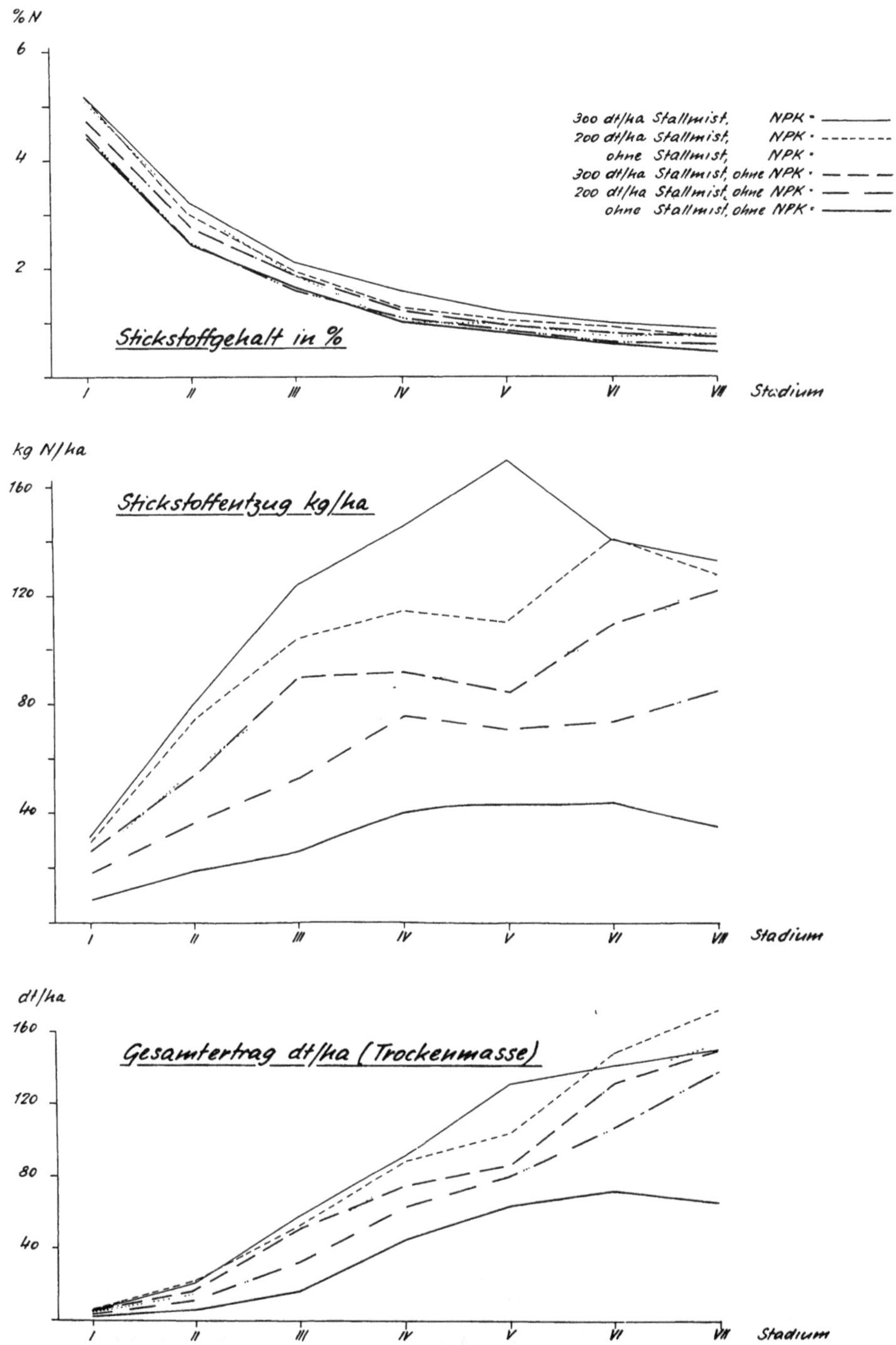

Abb. 2: „Statischer Versuch" Lauchstädt — Winterweizen — Vergleich der zeitlichen Stickstoffaufnahme auf den NPK- und O-Parzellen mit und ohne Stallmist (Mittel aus 5 Untersuchungen)

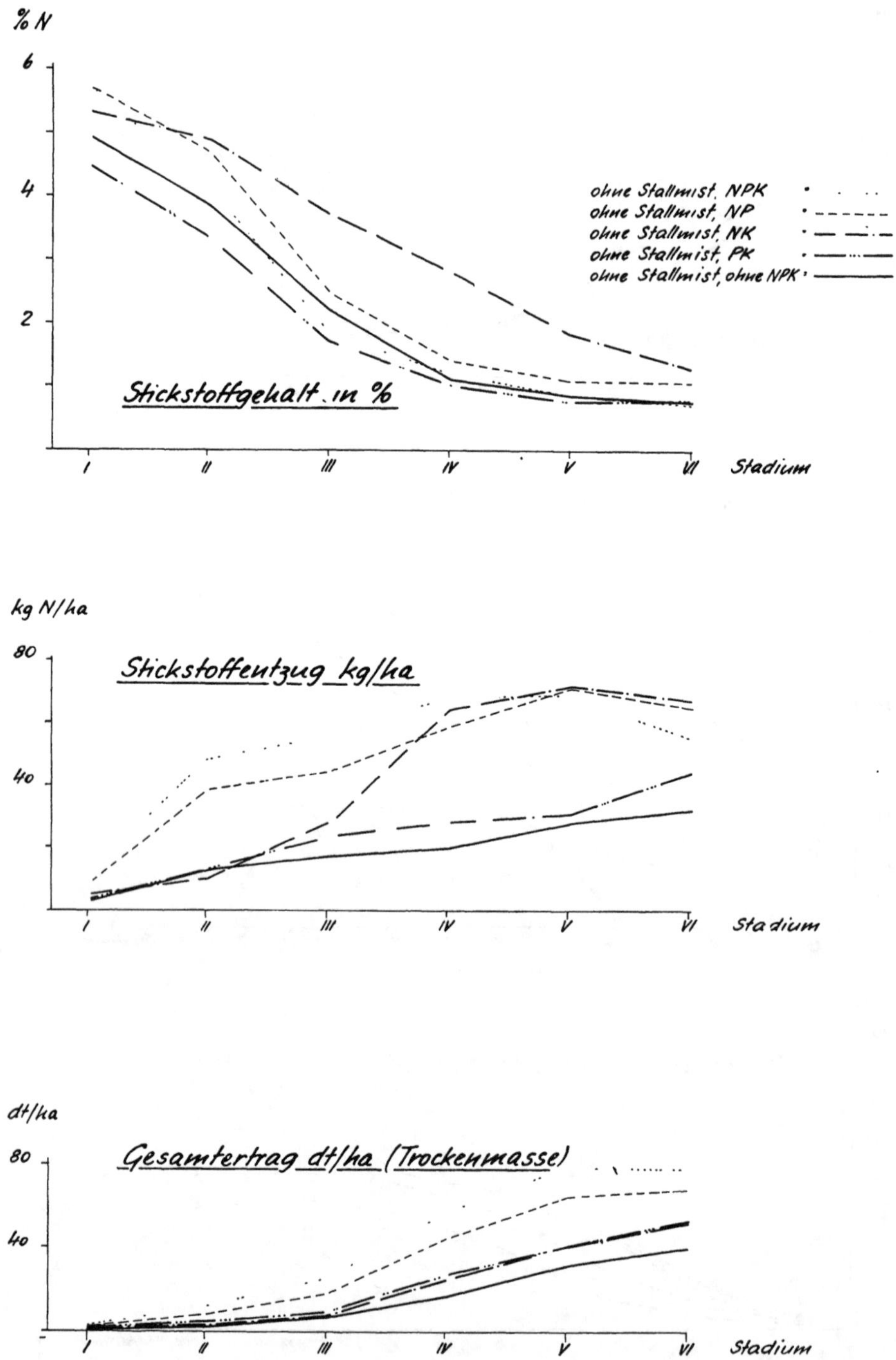

Abb. 3: „Statischer Versuch" Lauchstädt – Sommergerste – Vergleich der zeitlichen Stickstoffaufnahme auf den NPK- und Mangelparzellen ohne Stallmist (Mittel aus 5 Untersuchungen)

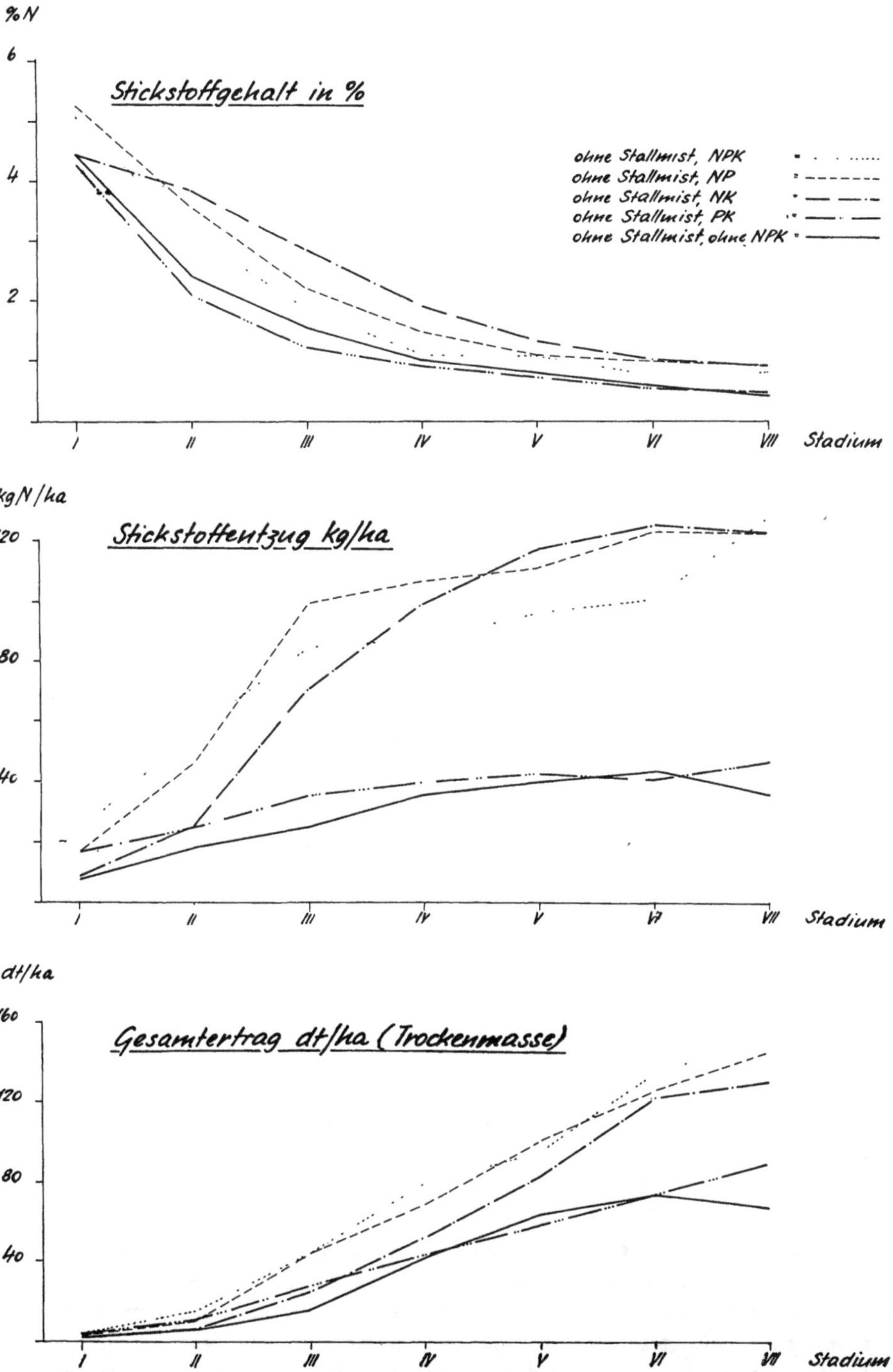

Abb. 4: „Statischer Versuch“ Lauchstädt — Winterweizen — Vergleich der zeitlichen Stickstoffaufnahme auf den NPK- und Mangelparzellen ohne Stallmist (Mittel aus 5 Untersuchungen)

doch kann noch bis zur Milchreife eine laufende, wenn auch geringere Stickstoffaufnahme festgestellt werden. Der N-Entzug war je nach dem Nährstoffangebot durch Stallmist oder Mineraldüngung unterschiedlich hoch. Doch ist der zeitliche Verlauf der N-Aufnahme, wie ja bereits bei den N-Gehalten erwähnt wurde, relativ gesehen ziemlich einheitlich. Eine stärkere Stickstoffnachlieferung im späteren Entwicklungsstadium auf den mit Stallmist gedüngten Parzellen kann nicht festgestellt werden.

Auf den ohne Stallmist versorgten Mangelparzellen (Abb. 3 und 4) ist dagegen ein sehr unterschiedlicher Verlauf der Stickstoffaufnahme zu beobachten. Wahrscheinlich bedingt durch die schlechte Jugendentwicklung war auf den Phosphorsäuremangelparzellen im Anfang der Entwicklung, besonders bei der Gerste, eine relativ geringe N-Aufnahme vorhanden, doch nahm dieselbe bei beiden Früchten z. Z. des Halmstreckens bzw. Ährenschiebens sehr stark zu, so daß beim Winterweizen trotz der niedrigeren Erträge auf den P-Mangelparzellen größere N-Mengen entzogen wurden als bei der Volldüngung. Auch bei der Sommergerste lagen die Stickstoffentzüge trotz der wesentlich niedrigeren Erträge bei P-Mangel z. Z. der Reife ebenfalls mit denen der Volldüngungsparzellen auf gleicher Höhe. Bei Kalimangel verlief die Stickstoffaufnahme in der Jugendentwicklung schneller als auf den NK-Parzellen. Bei Winterweizen waren auch hier die N-Entzüge höher als bei der Volldüngung. Die Stickstoffaufnahme auf den N-Mangelparzellen blieb erwartungsgemäß wesentlich hinter denen der übrigen Parzellen zurück.

In den Abbildungen 5—8 sind die Ergebnisse der Phosphorsäuregehalte und -aufnahmen zusammengestellt. Bei der Sommergerste sind beim Vergleich der Mangelparzellen auf dem ohne Stallmist gedüngten Block (Abb. 5) fast gleiche Phosphorsäuregehaltszahlen bei Volldüngung und auf den N- und K-Mangelparzellen vorhanden. Die P-Gehalte auf der NK-Parzelle liegen dagegen in der Jugendentwicklung wesentlich (fast um 1%) tiefer als auf den Parzellen, die eine Phosphorsäuredüngung erhielten. Diese sehr geringe P-Aufnahme auf der NK-Parzelle ist einmal, wie beim Stickstoff besprochen, auf die sehr langsame Jugendentwicklung auf dieser Parzelle zurückzuführen, zum anderen ist die sehr geringe Versorgung der Böden mit Phosphorsäure, die auf diesen Parzellen nur noch 3 mg P_2O_5/100 g Boden (Egnér) beträgt, mit ein Grund für die sehr geringen P-Aufnahmen auf dieser Parzelle und die hierdurch bedingten sehr niedrigen P-Gehalte von nur etwa 0,5% in der Trockensubstanz im Vergleich zu fast 1,5% in den Ernteprodukten der übrigen Parzellen. Die P-Aufnahme war auf den NPK-, NP- und PK-Parzellen wie beim Stickstoff der Trockensubstanzbildung vorausgeeilt, so daß hier die P-Gehalte im Laufe der Vegetationszeit ziemlich stark abfielen. Dagegen ist auf der P-Mangelparzelle ein fast gleichmäßiges Ansteigen von P-Aufnahme und Trockensubstanzbildung zu beobachten, so daß der Phosphorsäuregehalt während der ganzen Vegetationszeit etwa auf gleicher Höhe blieb. Dies zeigt, daß die Trockensubstanzbildung und somit auch die sehr langsame Jugendentwicklung auf diesen Parzellen ausschließlich von der Aufnahme von Phosphorsäure abhängt. Ein P-Gehalt von 0,5% in der Trockensubstanz wurde nicht unterschritten. Infolge der stärkeren P-Entzüge auf der NK-Parzelle im Vergleich zur völlig ungedüngten Parzelle durch die höheren Ernten (vgl. 27) liegen die P-Aufnahmen und P-Gehalte auf dieser Parzelle niedriger als bei der Unterlassung jeglicher Düngung. Auf der PK-Parzelle ist trotz der sehr guten Phosphorsäureversorgung nur eine rel. geringe P-Aufnahme vorhanden. Die P-Gehalte sind somit

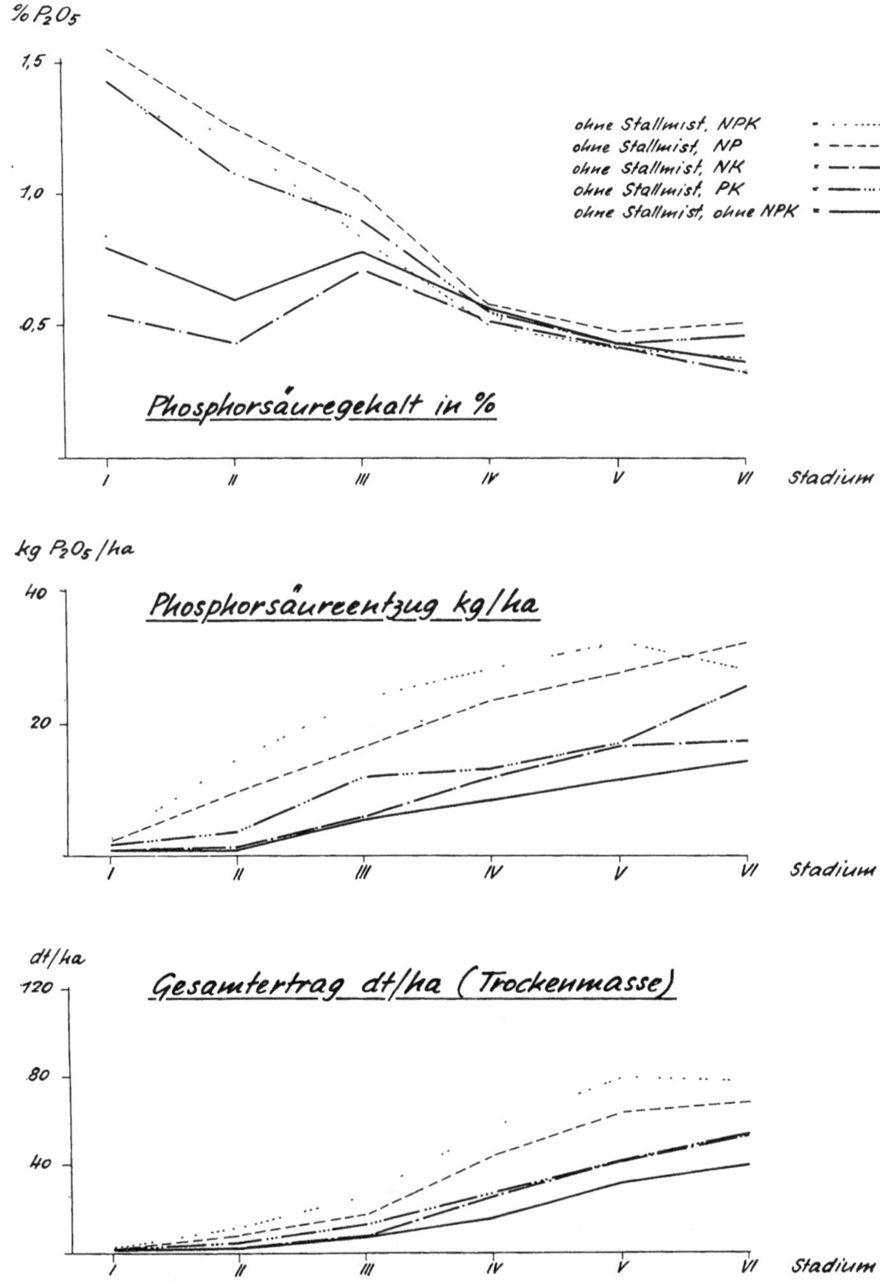

Abb. 5: „Statischer Versuch" Lauchstädt — Sommergerste — Vergleich der zeitlichen Phosphorsäureaufnahme auf den NPK- und Mangelparzellen ohne Stallmist (Mittel aus 5 Untersuchungen)

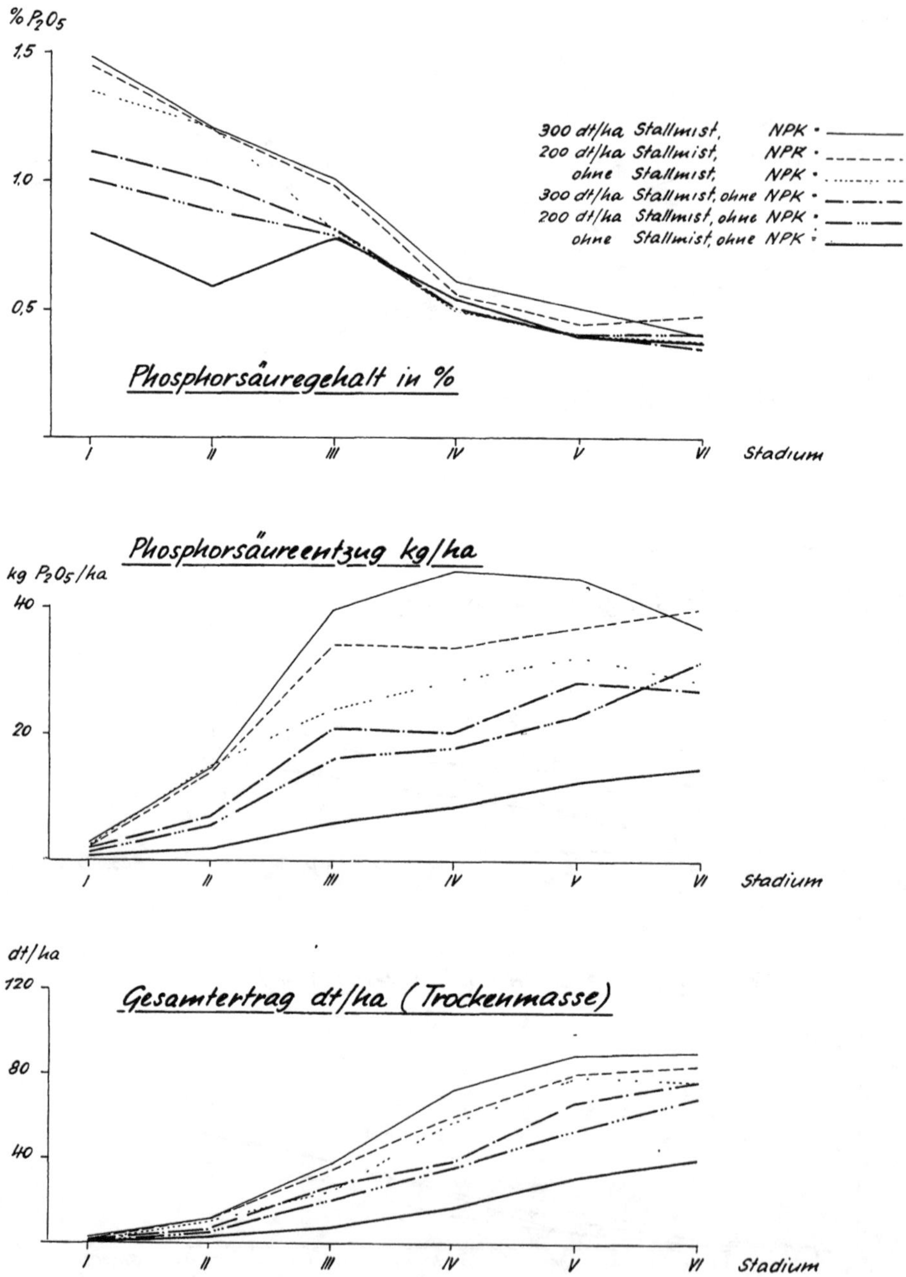

Abb. 6: „Statischer Versuch“ Lauchstädt – Sommergerste – Vergleich der zeitlichen Phosphorsäureaufnahme auf den NPK- und O-Parzellen mit und ohne Stallmist (Mittel aus 5 Untersuchungen)

trotz der wesentlich niedrigeren Erträge nicht höher als auf der Volldüngungsparzelle.

Beim Vergleich der NPK- und O-Parzellen mit und ohne Stallmist (Abb. 6) ist bei der Sommergerste auf allen mineralisch gedüngten Parzellen in der ersten Entwicklungszeit, bedingt durch die hohe P-Aufnahme, ein hoher Phosphorsäuregehalt festzustellen. Die P-Aufnahme verlief auf den nur mit Stallmist gedüngten Parzellen langsamer. Deshalb liegen hier auch die P-Gehalte in der Jugendentwicklung wesentlich tiefer. Vom Zeitpunkt des Halmstreckens an trat jedoch auf den Stallmistparzellen eine stärkere Phosphorsäureaufnahme ein, so daß die P-Gehalte auf diesen Parzellen etwa auf der gleichen Höhe wie auf den rein mineralisch gedüngten Volldüngungsparzellen liegen. Diese unterschiedliche Phosphorsäureaufnahme auf den mineralisch und den organisch gedüngten Parzellen ist wahrscheinlich auf eine langsamere, kontinuierliche P-Nachlieferung durch den Stallmist zurückzuführen. Auf den Parzellen mit kombinierter Stallmist- und Mineraldüngung blieben die P-Aufnahmen und auch die P-Gehalte durch das höhere Phosphorsäureangebot bis zur Reife etwas über denen der übrigen Parzellen. Die P-Gehalte auf der völlig ungedüngten Parzelle lagen wie die der NK-Parzellen nach dem Ährenschieben etwa auf gleicher Höhe wie bei Volldüngung.

Beim Winterweizen sind, wie aus den Abbildungen 7 und 8 hervorgeht, bei der Betrachtung der Phosphorsäureaufnahmen und -gehalte auf den NPK- und O-Parzellen mit und ohne Stallmist fast die gleichen Tendenzen wie bei der Sommergerste zu beobachten. Nur liegen hier die P-Aufnahmen, bedingt durch die höheren Erträge, mit Werten bis zu 60 kg/ha P_2O_5 über denen der Sommergerste. Die Phosphorsäuregehalte, die bei der Sommergerste auch bei bester P-Versorgung (Parzellen mit Stallmist- und Mineraldüngung) vom Stadium des Ährenschiebens an mit denen der übrigen Parzellen etwa auf gleicher Höhe lagen, weisen beim Winterweizen auf den NPK-Parzellen mit Stallmistdüngung auch bis zur Reife etwas höhere Werte auf.

Auf der PK-Parzelle (Abb. 8) ging die P-Aufnahme wie bei der Gerste, bedingt durch die geringe Trockensubstanzbildung, nur sehr langsam vor sich, doch ist beim Winterweizen im Gegensatz zur Gerste sogar ein geringerer P-Gehalt in der Trockensubstanz auf dieser Parzelle im Vergleich zur NPK-Düngung festzustellen. Das zeigt, daß trotz des hohen Phosphorsäureangebotes die P-Aufnahme auf der PK-Parzelle nicht nur absolut, sondern auch im Vergleich zur Trockensubstanzbildung langsamer vor sich ging als auf der Volldüngungsparzelle. Auf den P-Mangelparzellen ist wie bei der Sommergerste während der Jugendentwicklung nur eine geringe Phosphorsäureaufnahme vorhanden, so daß hier auch die P-Gehalte zu diesem Zeitpunkt ebenfalls wesentlich niedriger liegen als auf den übrigen Parzellen. Während bei der Gerste in den späteren Entwicklungsstadien die Unterschiede im P-Gehalt zwischen den einzelnen Parzellen fast völlig ausgeglichen wurden, liegen die P-Gehalte in den Ernteprodukten der NK-Parzelle beim Winterweizen auch in den Stadien der Kornausbildung und des Reifens im Vergleich zu den übrigen Parzellen noch etwas tiefer. Die Phosphorsäureaufnahme war auch beim Winterweizen bei allen Probenahmen auf den PK- und NK-Parzellen etwa gleich hoch.

Im Gegensatz zum Stickstoff und zur Phosphorsäure waren bei den Kaligehalten, wie aus den in den Abbildungen 9—12 zusammengestellten Ergebnissen hervorgeht,

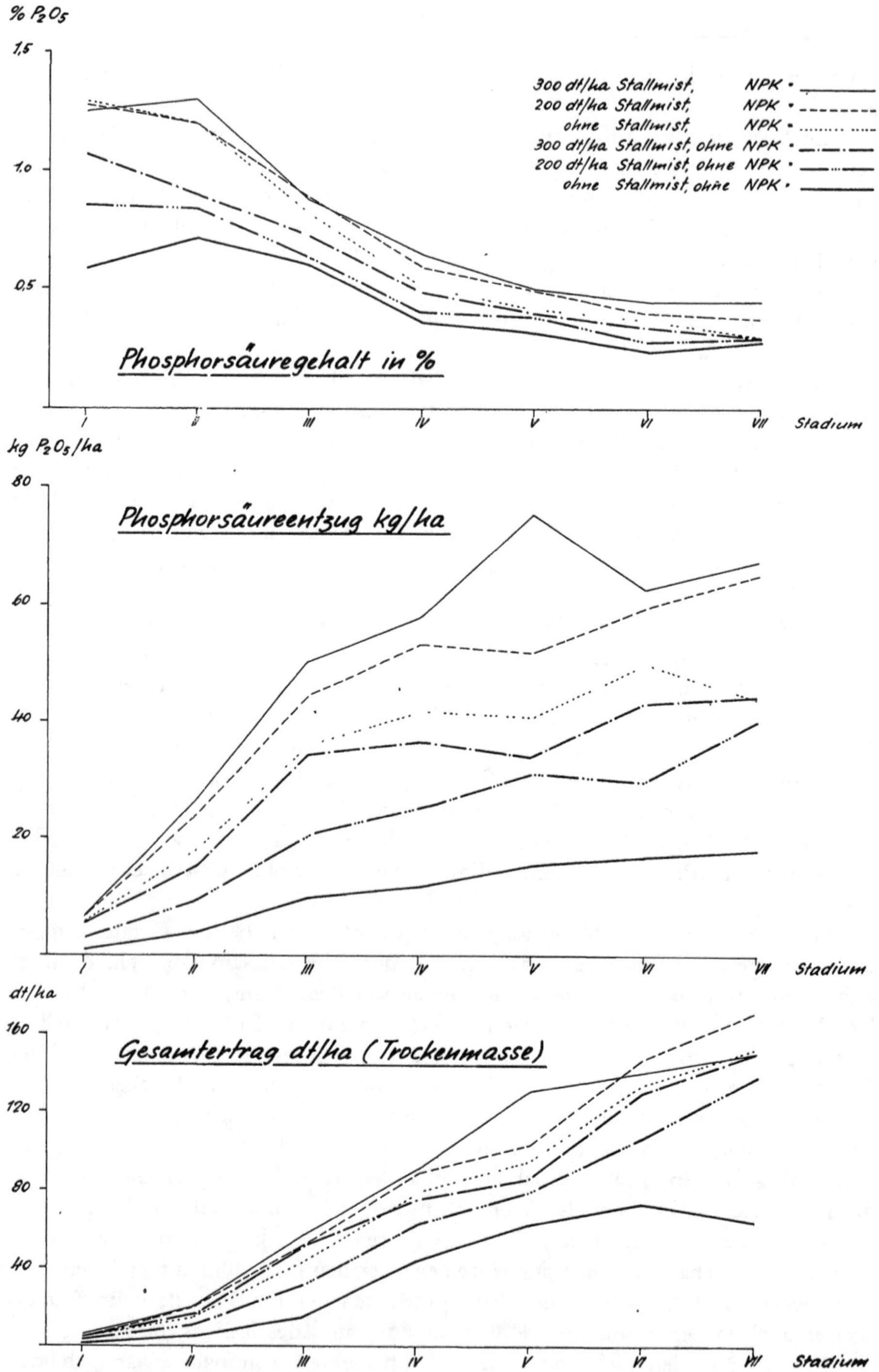

Abb. 7: „Statischer Versuch" Lauchstädt — Winterweizen — Vergleich der zeitlichen Phosphorsäureaufnahme auf den NPK- und O-Parzellen mit und ohne Stallmist (Mittel aus 5 Untersuchungen)

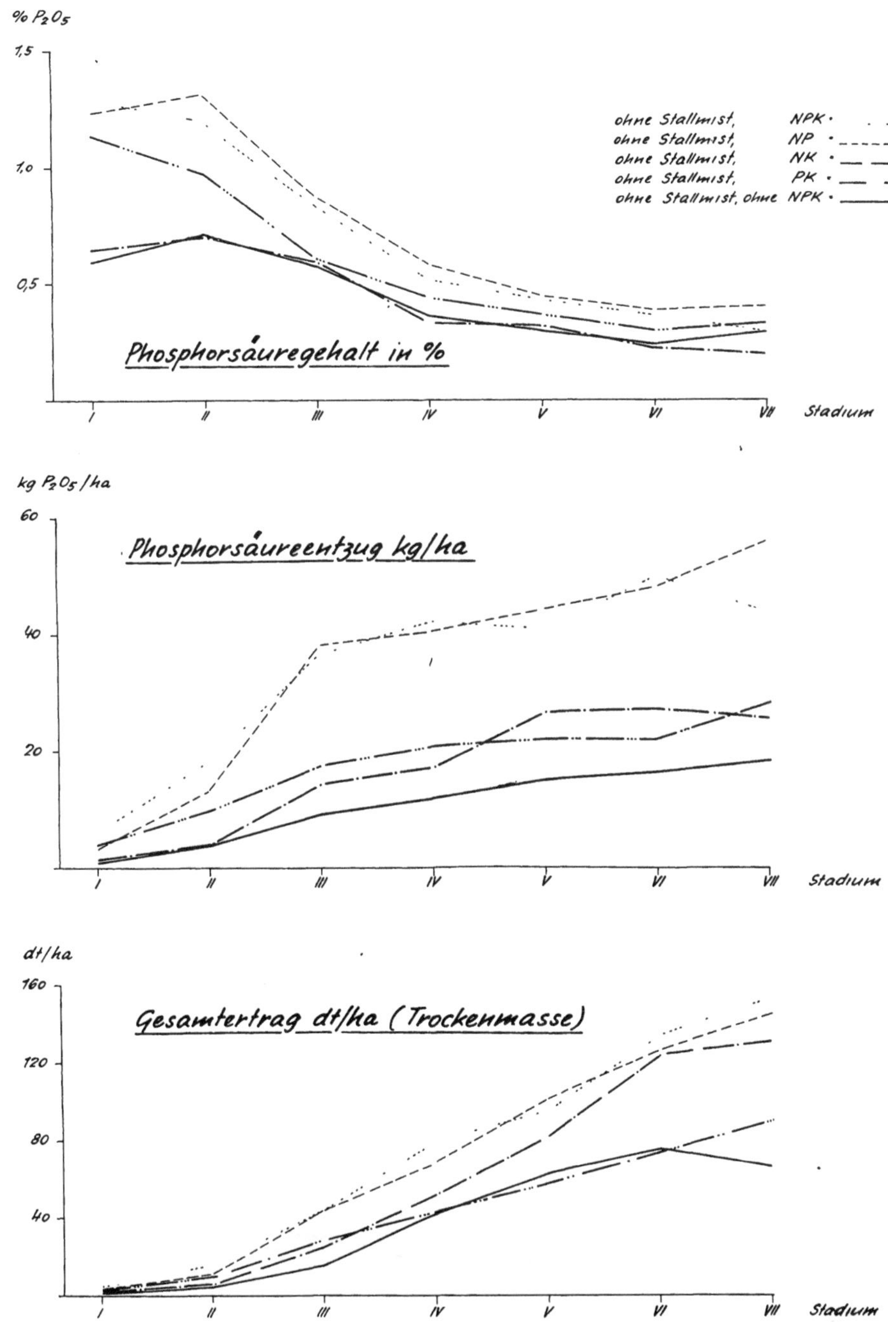

Abb. 8: „Statischer Versuch" Lauchstädt — Winterweizen — Vergleich der zeitlichen Phosphorsäureaufnahme auf den NPK- und Mangelparzellen ohne Stallmist (Mittel aus 5 Untersuchungen)

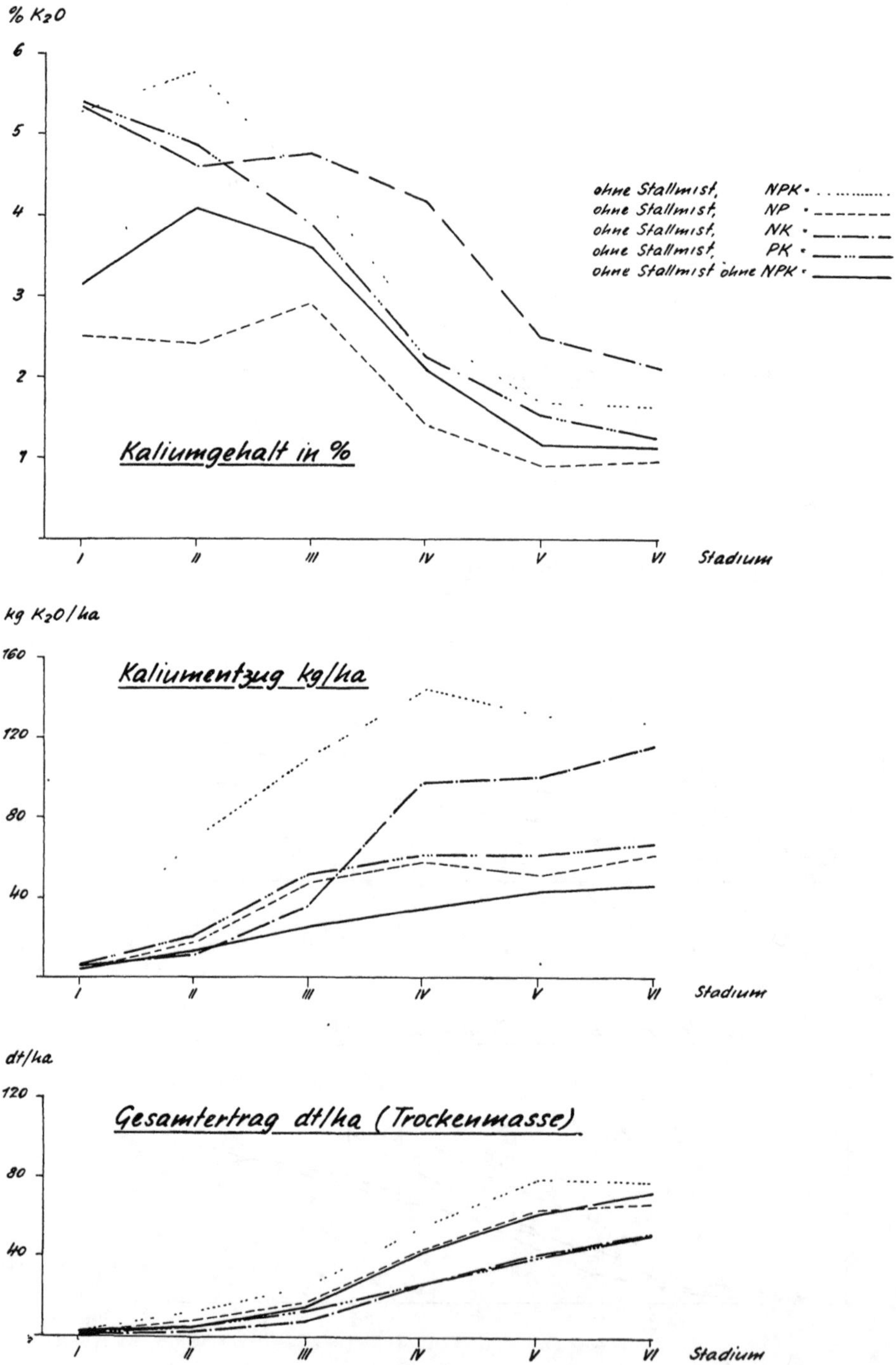

Abb. 9: „Statischer Versuch" Lauchstädt — Sommergerste — Vergleich der zeitlichen Kaliaufnahme auf den NPK- und Mangelparzellen ohne Stallmist (Mittel aus 5 Untersuchungen)

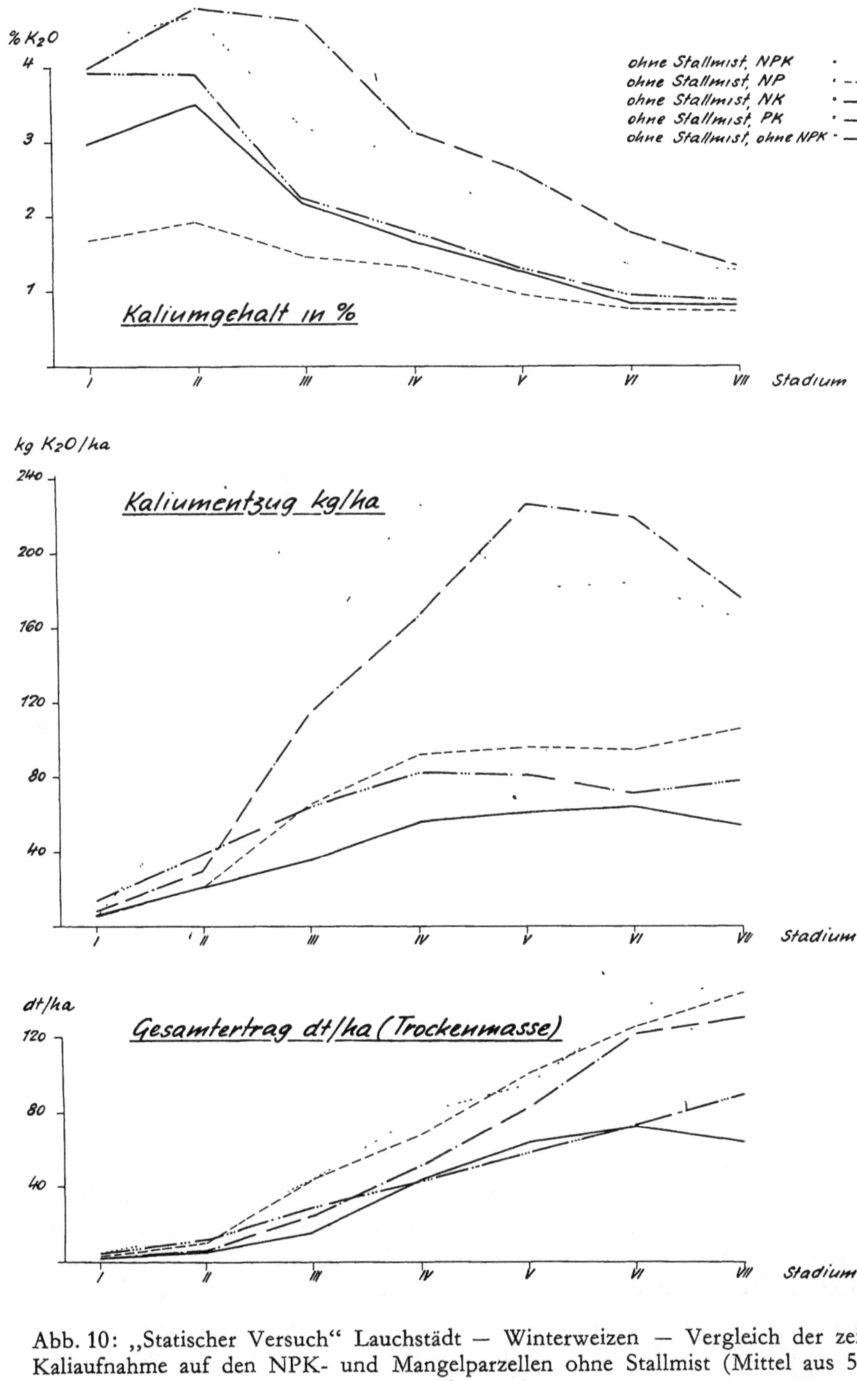

Abb. 10: „Statischer Versuch" Lauchstädt – Winterweizen – Vergleich der zeitlichen Kaliaufnahme auf den NPK- und Mangelparzellen ohne Stallmist (Mittel aus 5 Untersuchungen)

nicht im ersten Untersuchungsstadium die höchsten Werte vorhanden, sondern der prozentuale Kaligehalt stieg fast auf allen untersuchten Parzellen vom ersten zum zweiten Stadium weiter an. Dies zeigt, wie auch aus den Werten des Kalientzuges hervorgeht, daß die Kaliaufnahme im Vergleich zu Stickstoff und Phosphorsäure langsamer verläuft. Beim Vergleich der Kalientzugswerte der Sommergerste der Parzellen ohne Stallmist (Abb. 9) ist in der Jugendentwicklung lediglich auf der NPK-Parzelle eine hohe Kaliaufnahme festzustellen, während auf allen Mangelparzellen zu diesem Zeitpunkt nur sehr geringe K_2O-Mengen entzogen wurden. Auf der NK-Parzelle war bei der Sommergerste bis zum Zeitpunkt des Halmstreckens nur eine sehr geringe K_2O-Aufnahme vorhanden, die zum Teil wie bei den übrigen Nährstoffen auf die geringe Jugendentwicklung bei Phosphorsäuremangel zurückzuführen ist. Zum anderen war jedoch auch die Kaliaufnahme im Verhältnis zur Trockensubstanzbildung, wie aus den Kaligehaltszahlen hervorgeht, während der Jugendentwicklung geringer als bei der Volldüngung. Erst zur Zeit des Halmstreckens trat auf der Phosphorsäuremangelparzelle eine starke Kaliaufnahme ein, die auch ein Ansteigen der Kaligehalte zur Folge hatte. So lagen von diesem Zeitpunkt an die K_2O-Gehalte der Sommergerste auf der NK-Parzelle wesentlich über denen der übrigen Parzellen, auf welchen der Kaligehalt zwar langsamer als bei den Nährstoffen Stickstoff und Phosphorsäure, jedoch ebenfalls ständig abnahm. Wie bei den Phosphorsäureuntersuchungen, konnte bei der Gerste auf der PK-Parzelle nur eine geringe Kaliaufnahme festgestellt werden, so daß die K_2O-Entzüge etwa mit denen der Kalimangelparzellen parallel verliefen. Trotz des hohen Kaliangebotes lag der Kaligehalt deshalb auf dieser Parzelle niedriger als bei Volldüngung. Die geringsten Kaligehalte wurden auf den Kalimangelparzellen (NP und O) festgestellt.

Beim Winterweizen (Abb. 10) ist auf der NK-Parzelle ebenfalls eine sehr langsame Kaliaufnahme während der Jugendentwicklung zu beobachten, jedoch war hier vom zweiten Untersuchungsstadium an ein großer Anstieg des Kalientzuges vorhanden, so daß bereits in diesem Stadium auf der NK-Parzelle die höchsten Kaligehalte festgestellt wurden. Trotz der niedrigeren Trockensubstanzentwicklung lagen somit auch die Kalientzüge vom Zeitpunkt der Blüte an höher als auf den NPK-Parzellen. Auf der PK-Parzelle war die Kaliaufnahme des Winterweizens noch geringer als bei der Sommergerste, so daß auch hier die Kaligehalte unter denen der NPK-Parzellen lagen und die Kalientzugswerte geringer waren als auf der Kalimangelparzelle.

Beim Vergleich der NPK- und O-Parzellen mit und ohne Stallmist (Abb. 11 u. 12) war der höchste K_2O-Gehalt ebenfalls bei beiden Früchten, wie auf den Mangelparzellen, fast immer erst im zweiten Untersuchungsstadium festzustellen. Wie die Kalientzugswerte zeigen, trat die stärkste Kaliaufnahme zur Zeit des Halmstreckens auf. Die Kaliaufnahmen liegen z. T. sehr hoch und erreichen bei der Sommergerste 200 kg/ha K_2O und beim Winterweizen sogar 300 kg/ha K_2O. Während auf den Kalimangelparzellen eine fast gleichmäßige K_2O-Aufnahme bis zur Reife zu beobachten war, ist die Aufnahme auf den Volldüngungsparzellen zur Zeit des Halmstreckens bzw. Ährenschiebens abgeschlossen. Von diesem Zeitpunkt ab traten keine weiteren Zunahmen des K_2O-Gehaltes auf, sondern es setzte bis zur Reife ein mehr oder weniger starker Verlust an Kali ein. Auf diese K_2O-Verluste vor der Ernte des Getreides ist in der Literatur bereits des öfteren hingewiesen worden (6, 12, 13, 16).

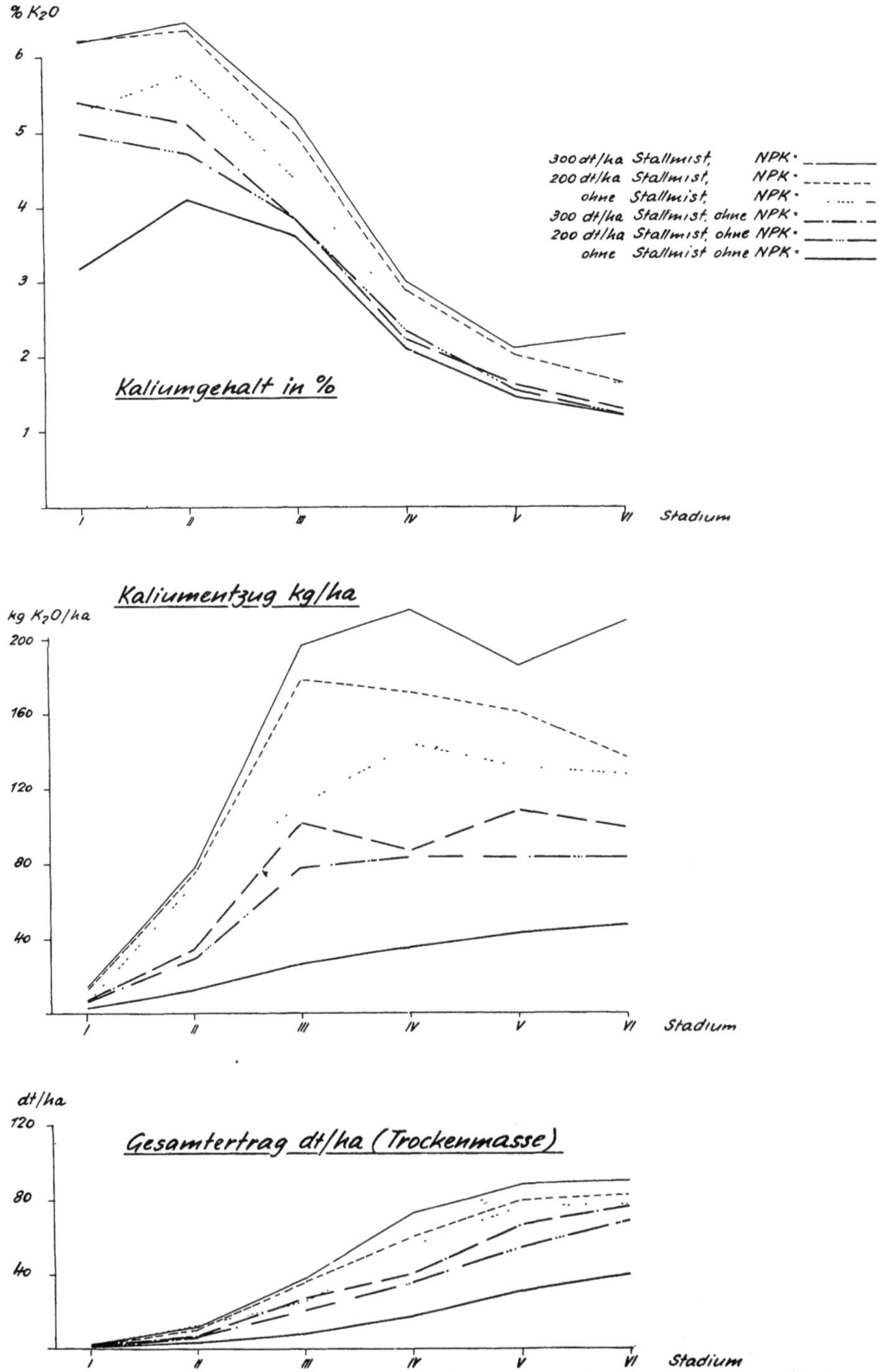

Abb. 11: „Statischer Versuch" Lauchstädt — Sommergerste — Vergleich der zeitlichen Kaliaufnahme auf den NPK- und O-Parzellen mit und ohne Stallmist (Mittel aus 5 Untersuchungen)

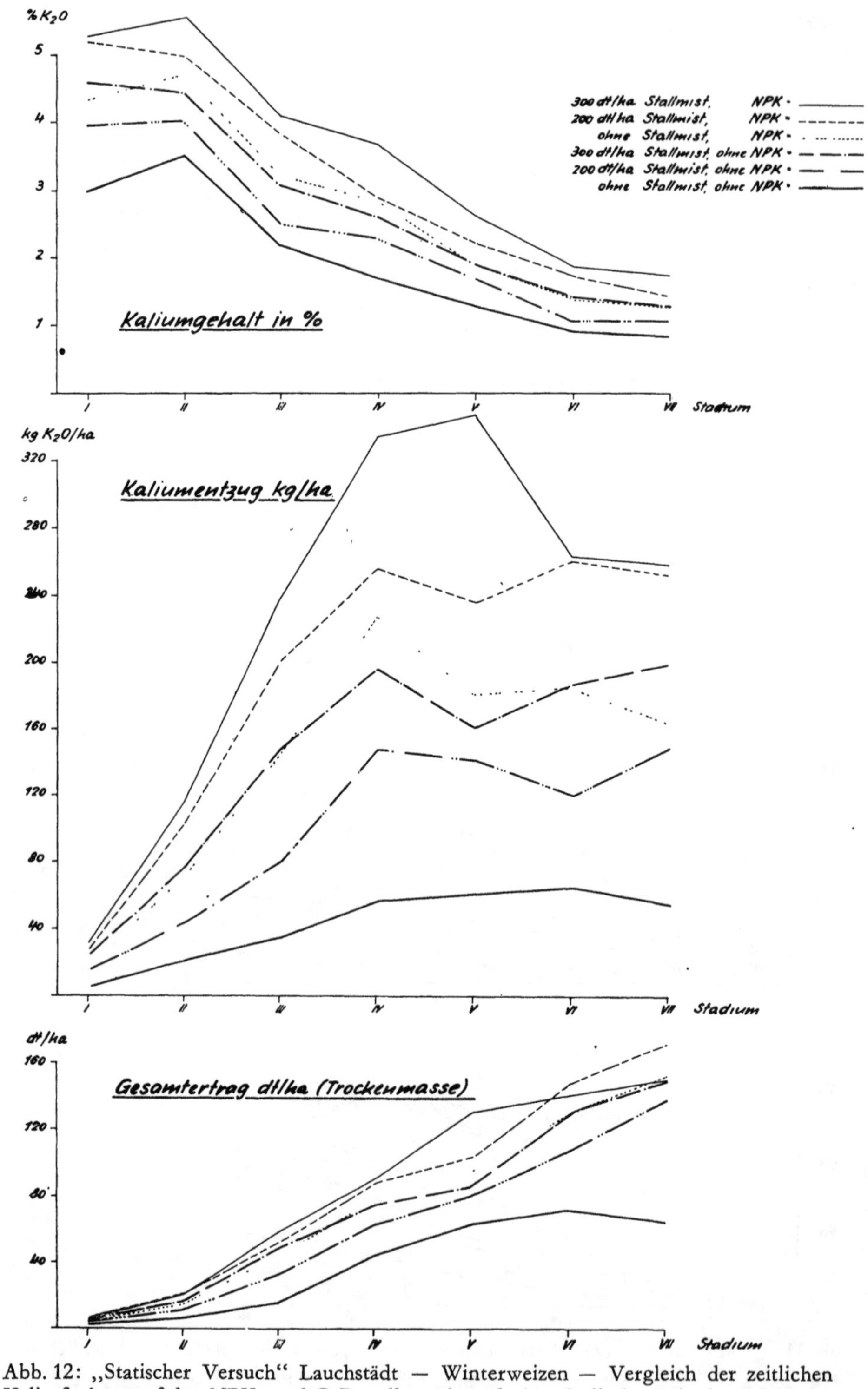

Abb. 12: „Statischer Versuch" Lauchstädt — Winterweizen — Vergleich der zeitlichen Kaliaufnahme auf den NPK- und O-Parzellen mit und ohne Stallmist (Mittel aus 5 Untersuchungen)

Die Unterschiede im Kaligehalt zwischen den einzelnen Düngungen waren nicht nur während der Jugendentwicklung, sondern auch noch im Reifestadium in starkem Umfang vorhanden. Die höchsten Kaliaufnahmen und -gehalte wurden bei beiden Früchten auf den NPK-Parzellen mit Stallmist festgestellt. Die sehr hohen Kaliaufnahmen von z. T. über 300 kg/ha K_2O deuten auf einen gewissen Luxuskonsum hin, der hier nicht wie bei Stickstoff und Phosphorsäure zu einer Verbesserung der Qualität führt. Eine langsamere, kontinuierliche Aufnahme bei Stallmistdüngung, wie sie bei der Phosphorsäure festgestellt wurde, war beim Kali nicht vorhanden. Hier trat eher eine schnellere Aufnahme auf den mit Stallmist als auf den rein mineralisch gedüngten Parzellen ein. Diese etwas schnellere K_2O-Aufnahme auf den Parzellen mit ständiger organischer Düngung zeigt eine gute Übereinstimmung mit den Feststellungen von JOWORSKI und BARBER (29) und mit eigenen Untersuchungen, über die noch gesondert berichtet wird, in denen ermittelt wurde, daß die K_2O-Aufnahme bei einem höheren Humusgehalt des Bodens schneller verläuft. Da auf dem „Statischen Versuch“ infolge der ständigen Stallmistdüngung die C-Gehalte auf den Parzellen mit Stallmist im Vergleich zu der rein mineralischen Düngung angestiegen sind, könnten die etwas höheren K_2O-Aufnahmen während der Jugendentwicklung auf den höheren Humusgehalt zurückgeführt werden.

Zusammenfassung

Der Einfluß von langjährigen Voll- und Mangeldüngungen auf die zeitliche Trockensubstanzbildung, die Aufnahme und die Gehalte an Stickstoff, Phosphorsäure und Kali wurde in den Jahren 1957—1959 durch laufende Probeschnitte in 6 bzw. 7 Entwicklungsstadien von Sommergerste und Winterweizen im „Statischen Versuch“ Lauchstädt untersucht. Gleichzeitig sollte der Verlauf der Nährstoffaufnahme bei rein mineralischer Düngung und bei ständigen Stallmistgaben überprüft werden.

Im Vergleich zur Volldüngung hatte starker Stickstoffmangel neben niedrigeren Trockensubstanzerträgen, geringeren N-Aufnahmen und N-Gehalten auch nur sehr niedrige P_2O_5- und K_2O-Aufnahmen zur Folge, so daß auch die Phosphorsäure- und Kaligehalte in den Ernteprodukten trotz der sehr guten PK-Versorgung teilweise weit unter denen der NPK-Parzelle lagen.

Die niedrigen Phosphorsäureaufnahmen hatten auf den P-Mangelparzellen während der Jugendentwicklung nur eine sehr geringe Trockensubstanzbildung zur Folge. Deshalb waren in diesem Zeitraum hier auch die Stickstoff- und Kaliaufnahmen sehr niedrig. Vom Zeitpunkt des Ährenschiebens an trat jedoch eine sehr starke Zunahme der N- und K-Aufnahme ein, so daß die Gehalte an diesen Nährstoffen z. T. weit über die der Volldüngungsparzelle anstiegen.

Da sich bisher der Kalimangel im „Statischen Versuch“ Lauchstädt auf die Getreideerträge im Gegensatz zu den Hackfruchterträgen nur wenig auswirkte, wurde auf den NP-Parzellen etwa die gleiche zeitliche Stickstoff- und Phosphorsäureaufnahme wie auf den Volldüngungsparzellen festgestellt. Lediglich bei den Kalientzügen und -gehalten waren wesentlich geringere Werte vorhanden.

Die laufende Stallmistversorgung hatte im Vergleich zur rein mineralischen Düngung beim Stickstoff keine Veränderung in der zeitlichen Nährstoffaufnahme bewirkt, während sie bei der Phosphorsäure eine etwas langsamere und beim Kali eine etwas schnellere Aufnahme zur Folge hatte.

Резюме

В 1957—1959 гг., при помощи ,,статического опыта,, в Лаухштедте исследовалось влияние многолетних полных и неполных удобрений на время образования сухого вещества, на содержание азота, фосфорной кислоты и калия, посредством текущей пробной косьбы ярового ячменя и озимой пшеницы в 6 или 7 стадиях развития. Одновременно было намечено проверить процесс освоения питальных веществ при чисто минеральном удобрении, а также при постоянном внесении навоза. Сильный недостаток азота, по сравнению с полным удобрением, помимо меньших урожаев сухого вещества, меньшего освоения и содержания азота имело в последствии и весьма незначительное освоение P_2O_5 и K_2O, так что и содержания фосфорной кислоты и калия в урожаях были отчасти гораздо ниже тех с делянки NPK, несмотря на очень хорошую обеспеченность PK.

Низкие освоения фосфорной кислоты на делянках с недостатком P в ювенильной стадии имели в последствии весьма незначительное образование сухого вещества. Поэтому освоение азота и калия в этот период было весьма незначительно. Но с момента колошения началось усиленное освоение азота и калия, так что содержания этих питательных веществ отчасти превысили значительно содержания питательных веществ на делянке с полным удобрением.

Так как до сих пор недостаток калия в ,,статическом опыте'' в Лаухштедте оказывал только незначительное влияние на урожай хлебов, в противоположность урожаям пропашных культур, на делянках NP установлено почти такое же освоение азота и фосфорной кислоты, как на делянках с подным удобрением. Только относительно освоения и содержания калия показатели были значительно ниже.

Текущее внесение навоза по сравнению с чисто минеральным удобрением при азоте не вызвало изменения относительно времени освоения питательных веществ, в то время как при фосфорной кислоте оно вызвало некоторое замедление, а при калии ускорение освоения.

Summary

The influence of longstanding full and scarcity dunging on the building of dry-substance, the absorption and contents of nitrogen, phosphoric acid and potash have been tested in Lauchstädt from 1957 until 1959 by permanent investigations on spring-barley and winter-wheat in the sixth resp. seventh stage of development. At the same time the absorption of nutritives during pure mineralic dunging and regular gifts of stall-dung was to be examined.

Compared to full dunging a heavy lack of nitrogen and lower yields of dry-substance, smaller N-absorption and N-contents was followed by very small absorption of P_2O_5 and K_2O; the proportion of phosphoric acid and potash in the crop was in some cases below that of the NPK-plots.

The consequence of the low phosphoric acid absorption was a very low formation of dry-substance during the early development on the P-scarcity-plots. Therefore also the absorption of nitrogen and potash was low during this period. Nevertheless from the date of growing ears the absorption of N and K increased heavily so that the proportion of these nutritives was partly much higher compared to the full-dunging plots.

In Lauchstädt the lack of potash had up till now only little influence on the grain crop, contrary to the root crops; therefore on the full-dunging plots the same nitrogen and phosphoric acid absorption as on the NP-plots was stated. Only concerning potash deprivation and proportion remarkably smaller values were found.

Compared to pure mineralic dunging regular supply with stalldung effected, concerning nitrogen, no changes in the absorption of nutritives; concerning phosphoric acid a slower, and concerning potash a faster absorption could be stated.

Literaturverzeichnis

[1] LIEBSCHER, G.: Der Verlauf der Nährstoffaufnahme und seine Bedeutung für die Düngerlehre. J. Landwirtsch. 1887, **35**, 335–518

[2] REMY, Th.: Beiträge zur Kultur dès Rapses. Fühling's Landwirtsch. Ztg. 1909, **58**, 81–92

[3] REMY, Th.: Verlauf der Nahrungsaufnahme und Düngerbedürfnis der Kulturgewächse. Ernähr. d. Pflanze 1931, **27**, 301–317

[4] REMY, Th.: Verlauf der Nahrungsaufnahme und Düngerbedürfnis der Pflanzen. Mitt. Dt. Landwirtsch.-Ges. 1931, **10**, 188–191

[5] ACHTNICH, W.: Der Einfluß zeitlich variierter Nährstoffgaben auf den Ertrag bei Gerste und Hafer. Z. Acker- u. Pflanzenbau 1955, **99**, 273–93

[6] FRANK, H.: Über den Stickstoffverlust bei alternden Pflanzen. Planta 1954, **44**, 319–340

[7] SCHILDBERG, W.: Stickstoffaufnahme im Sommer. Dt. Landwirtsch. Presse 1957, **22**, 212–213

[8] FRIEDRICH, H.: Die Nährstoffversorgung der Pflanzen — ein dynamisches Problem? Z. Acker- u. Pflanzenbau 1957, **103**, 233–272

[9] EHRENDORFER, K.: Untersuchungen über Angebot und Aufnahme der Hauptnährstoffe. I. Z. Acker- u. Pflanzenbau 1958, **105**, 301–328

[10] EHRENDORFER, K.: Untersuchungen über Angebot und Aufnahme der Hauptnährstoffe. II. Z. Acker- u. Pflanzenbau 1958, **106**, 58–74

[11] ANDERSSON, G., R. OLERED und G. OLSSON: Zur Nährstoffaufnahme des Winterraps. Z. Acker- u. Pflanzenbau 1958, **107**, 171–179

[12] LINSLEY, C. M.: Die Nährstoffaufnahme durch Mais im Verlauf verschiedener Wachstumsperioden. Better Crops with Plant Food 1958, **42**, 24–25

[13] FAUST, H.: Nährstoffbilanz und Düngemittelausnutzung bei einjährigen Pflanzen. Phosphorsäure 1961, **21**, 188–199

[14] HEYLAND, K. U.: Über die Bedeutung der Ernährung in verschiedenen Entwicklungsstadien für den Ertrag der Sommergerste. Z. Acker- u. Pflanzenbau 1961, **113**, 41–65

[15] BOGUSLAWSKI, E. v., und K. v. GIERKE: Neue Untersuchungen über den Nährstoffentzug verschiedener Kulturpflanzen. Z. Acker- u. Pflanzenbau 1961, **112**, 226–252

[16] ROEMER, TH., und F. SCHEFFER: Lehrbuch des Ackerbaues. 1959, 5. Aufl., Berlin, Verl. Paul Parey

[17] ANSORGE, H.: Kontinuierliche Stickstoffdüngung zu Getreide. Z. landwirtsch. Versuchs- u. Untersuchungswes. 1961, **7**, 41–51

[18] PRIMOST, E.: Die Nährstoffaufnahme von Weizen und Roggen während der Vegetationsperiode in Abhängigkeit von der Stickstoffdüngung. Bodenkultur 1961, **12**, 3–43

[19] GERICKE, S.: Wachstumsfaktoren und Düngung. II. Weltkongreß für Handelsdünger, Rom, 1951

[20] SUJEW, L. A., und P. F. GOLUBJEWA: Einfluß der Stickstoffernährung von Winterroggenkeimlingen auf die Phosphoraufnahme und den Phosphorstoffwechsel. Ber. Akad. Wiss. UdSSR 1958, **119**, 993–995

[21] RENNIE, D. A., und R. J. SOPER: The effect of nitrogen additions on fertilizer-phosphorus availability. J. Soil Sci. 1958, **9**, 155—167

[22] GRUNES, D. L., F. G. VIETS, jr. und S. H. SHIG: Proportionate uptake of soil and fertilizer phosphorus by plants as affected by nitrogen fertilization: I. Growth chamber experiment. Proc. Soil Sci. Soc. Amer. 1958, 22, 43—48

[23] GRANT LIPP, A. E., und D. W. GOODALL: Nutrient Interactions and Deficieney Diagnosis in the Lettuce. Austral. J. Biol. Sic., II, 1958, **4**, 471—484

[24] RANJAN, S., und N. DAS: Effect of nitrogen supply on nutrient uptake as revealed by leaf analysis and on the growth and yield of Hordeum vulgare L. Proc. nat. Acad. Sci., India, Sct. B 27, 227—234 (1957)

[25] SELKE, W., und U. SCHMIDT: Ein halbes Jahrhundert ,,Statischer Versuch Lauchstädt". I. Die Hackfruchterträge. Z. landwirtsch. Versuchs- u. Untersuchungswes. 1956, **2**, 60—85

[26] ANSORGE, H.: Untersuchungen über den Einfluß der unterschiedlichen Düngung auf die Böden des ,,Statischen Versuches" Lauchstädt. Z. landwirtsch. Versuchs- u. Untersuchungswes. 1957, **3**, 499—532

[27] ANSORGE, H.: Vergleichende Nährstoffuntersuchungen am ,,Statischen Versuch" Lauchstädt. Z. landwirtsch. Versuchs- u. Untersuchungswes. 1958, **4**, 347—364

[28] RÜTHER, H., und H. ANSORGE: Ein halbes Jahrhundert ,,Statischer Versuch" Lauchstädt. II. Die Getreideerträge. Z. landwirtsch. Versuchs- u. Untersuchungswes. 1959, **5**, 99—121

[29] JAWORSKI, C. A., und STANLEY A. BARBER: Beziehungen zwischen Bodeneigenschaften und Kalium-Aufnahme durch Luzerne. Soil Sci. 1959. **87**, 37—41

Aus dem Institut für Acker- und Pflanzenbau der Friedrich-Schiller-Universität Jena
(Direktor: Prof. Dr. agr. habil. B. MÄRTIN)

R. BURGHAUSEN

Düngung zu vorgekeimten Kartoffeln[1]

Eingegangen: 20. 9. 1962

Einleitung

Das Vorkeimen der Pflanzkartoffeln hat sich in allen Anbaugebieten der DDR nicht nur für Frühsorten, sondern auch für alle anderen Reifegruppen und besonders für den Zweitfruchtkartoffelbau als eine sehr wesentliche ertragsteigernde Maßnahme erwiesen. Weiterhin ist es eine wichtige Voraussetzung für die erfolgreiche Pflanzguterzeugung. Auf schweren Böden zeigt die Kartoffel bei relativ geringen Knollenerträgen eine übermäßige Krautentwicklung. Zur Überwindung dieser von KLITSCH (1958/59) als Kartoffelfeindlichkeit des schweren Bodens bezeichneten Erscheinungen eigneten sich die Frühpflanzung und Vorbehandlung des Kartoffelpflanzgutes, nachdem verschiedene Düngungsmethoden keinen Erfolg gebracht hatten. Da das Vorkeimen durch beschleunigten Auflauf den gesamten Entwicklungsrhythmus der Kartoffeln kalendermäßig vorverlegt und dabei z. B. Pflegearbeiten einsparen hilft, ließ sich auch ein Einfluß auf die Nährstoffaufnahme vermuten. Auf diese Frage erwarten unsere LPG und VEG eine schnelle Antwort, und so sollen im folgenden unsere diesbezüglichen Untersuchungsergebnisse über eine zweckmäßige Düngung zu vorgekeimten Kartoffeln erörtert werden.

Aufgabenstellung

Untersuchungen über die optimale Düngung zu vorgekeimten Kartoffeln sind nur bei Frühkartoffeln (FRIEBE 1950, KLAPP 1950, SCHICK und KLINKOWSKI 1961) und in Verbindung mit dem Frühroden zur gesunden Pflanzguterzeugung (SCHLEUSENER 1959, SCHRÖDER 1960, VOGT 1959) bekannt. Ferner wurde der Einfluß der Düngung auf die Lagerung (FISCHNICH und LATZKO, 1959) und auf den Stoffwechsel keimender Kartoffelknollen untersucht. Dann berichtete ULRICH (1960) von leichten Böden über eine bessere N-Ausnützung durch vorgekeimte Kartoffeln.

So galt es zunächst, allgemein den Nährstoffeinfluß auf vorgekeimte Kartoffeln zu untersuchen. Dann stellten wir uns entsprechend der fehlenden Literaturquellen die Aufgabe, die optimale Düngung vorgekeimter Spätkartoffeln speziell auf schwerem Boden zu erforschen. Hierbei interessierte hauptsächlich die N-Düngung, da einesteils für vorgekeimte Frühkartoffeln hohe N-Gaben benötigt werden (SCHRÖDER 1960), andererseits aber bei Spätkartoffeln auf schweren Böden bereits 60 kg/ha Rein-N Überdüngungserscheinungen und Mindererträge durch zu üppige Krautentwicklung bewirkten. Außerdem war die uns von Praktikern häufig vorgelegte Frage einer unterteilten N-Gabe zu klären. Schließlich interessierten noch die Möglichkeiten des Kalkstickstoffeinsatzes wegen dessen herbizider Wirkung und des Ersatzes der zweiten N-Gabe durch eine arbeitsparende Harnstoffblattdüngung in Verbindung mit der Krautfäulebekämpfung oder Herbizidausbringung.

[1] Meinem hochverehrten Lehrer, Herrn Prof. Dr. Cl. KLITSCH, zu seinem 70. Geburtstag in Dankbarkeit gewidmet.

Material und Methodik

Um den Nährstoffeinfluß auf vorgekeimte Kartoffeln laufend untersuchen zu können, wurden nach den 1957 durchgeführten Vorversuchen 1958—1960 Hydrokulturversuche mit den Sorten „Star“, „Vera“ und „Capella“ durchgeführt. Mit Hilfe der Nährstoffmangellösungen nach CRONE-MERKENSCHLAGER wurde die Wirkung von fehlendem N, P, Ca, K und Mg auf vorgekeimte Kartoffeln festgestellt. Vorgekeimte, gesunde Knollen gleichen Gewichts und gleicher Keimzahl lagen jeweils in 4 Wiederholungen auf einem in Holzrahmen gespannten PVC-Netz, das mit einer durchlöcherten Glasplatte abgedeckt war. Diese Holzrahmen paßten genau auf die mit 2,5 Liter gefüllten zylindrischen Glasvegetationsgefäße. Das PVC-Netz mit den darinliegenden Knollen berührte fast die Lösungsoberfläche. Um den Lichteinfall zu verhindern, wurden die Glasgefäße mit Packpapier umwickelt und die Flächen über den Glasscheiben der Holzrahmen mit chemisch inaktiven Papier-Zelluloseschnitzeln ausgefüllt. Die 1958 durchgeführte tägliche Belüftung der Versuchsgefäße erübrigte sich in den Folgejahren. In wöchentlichem Abstand wurde nebst Aufzeichnung aller Vegetationsmerkmale der Wasserverbrauch der Versuchsglieder und der zwischengestellten Kontrollen (= Vegetationsgefäße ohne Saatknollen) ermittelt. Jeweils nach dem Knollenansatz wurden die Versuche beendet (s. Abb. 1) und ausgewertet.

Zur gleichen Zeit und nach Abschluß der Wasserkulturversuche erfolgten Feldversuche mit der Spätsorte „Capella“ (Elite) auf dem Versuchsfeld Kötschau, Kreis Weimar (Höhenlage: 317 m über NN, mittlere Jahrestemperatur: 7,8 °C, mittlerer Jahresniederschlag: 580 mm, geologische Herkunft: mo_2, Bodenart L-T). Der Muschelkalkverwitterungsboden ist mit degradiertem Löß überlagert, so daß der Versuchsstandort mit L_2LöV 84/73 gekennzeichnet werden kann. Vorfrucht war Sommerweizen. Im Herbst wurde eine Stallmistgabe von 250 dt/ha gegeben. Die Bodenuntersuchung nach NEUBAUER ergab im Mittel der Versuchsjahre bei einem

Abb. 1: Erntezeitpunkt des Hydrokulturversuches

pH-Wert von 6,0 folgenden Nährstoffgehalt je 100 g Boden: 6,2 mg P_2O_5 und 30,4 mg K_2O. In den Komplexversuchen nach der Spalt-Anlage wurden die wichtigsten Vorbehandlungsverfahren mit verschiedenen Düngerkombinationen geprüft. Dabei erfolgten im 14tägigen Abstand noch Proberodungen. Da die Ergebnisse entsprechend der Thematik nur auszugsweise wiedergegeben werden, brauchen hier nicht alle Versuchsglieder aufgeführt zu werden.

Ergebnisse und Schlußfolgerungen für die Praxis

Die Ergebnisse des Nährstoffmangelversuchs sind in der Tabelle 1 zusammengestellt. Bei der Auflaufbonitur war eindeutig die wichtige Rolle des Wassers für die Keimentwicklung zu erkennen: 1959 wurde eine zusätzliche fünfte Wiederholung mit 2-Liter-Glasgefäßen zum gleichen Zeitpunkt angesetzt. Durch die geringere Nährlösungsmenge hingen die Knollen nicht mehr in unmittelbarer Wassernähe, sondern 2 cm über der Flüssigkeitsoberfläche. Während die Knollen des ursprünglichen Versuchs bereits nach 13—14 Tagen aufgelaufen waren, hatten die ohne Wasseranschluß liegenden Knollen nach 35 Tagen noch keine Wurzeln gebildet. Als danach durch Wasserzugabe die Verbindung zwischen Lösungsoberfläche und Kartoffeln wiederhergestellt wurde, war der Auflauf nach 8—12 Tagen festzustellen. Eine Keimbildung ohne Wasser war möglich, jedoch konnten sich die Keime ohne Feuchtigkeit nicht weiter entwickeln. Da diese Beobachtungen wiederholt gemacht wurden, müßte die Lehrbuchmeinung überprüft werden, nach der die Kartoffel ohne Keimwasser auskommt. Der Zweitfruchtkartoffelbau in der Praxis hat diese Beobachtungen in trockenen Jahren ebenfalls bestätigt. In norwegischen Untersuchungen über den Einfluß der Bodenfeuchtigkeit auf das Keimen der Kartoffeln wurden ähnliche Ergebnisse erzielt (LETNES, 1958). Somit wirkt sich bereits die Bodenfeuchtigkeit nach dem Legen als auflaufbeeinflussender Teilfaktor entsprechend der unterschiedlichen Entwicklung auf den Nährstoffbedarf aus.

Tabelle 1

Wirkung der Hauptnährstoffe auf vorgekeimte Kartoffeln

(Mittel aus 3 Hydrokulturversuchen 1958—1960)

Versuchsglied	Auflauf in Tagen	Mittlerer Wasserverbrauch kg	Stengelzahl	Knollenzahl	Knollengewicht g	Trockensubstanzgewicht g Kraut	Trockensubstanzgewicht g Wurzeln	Knollenansatznote (1—5)
1. Volldüngung	15	5,87	4,2	4,8	9,1	5,14	0,81	2,8
2. Ohne N	14	1,65	2,6	5,4	12,4	3,75	0,75	1,7
3. Ohne P	27	2,96	1,9	4,3	8,9	2,75	0,50	2,5
4. Ohne Ca	24	0,66	0,4	1,9	1,7	0,32	0,40	4,0
5. Ohne K	16	5,53	3,0	2,0	2,6	4,13	0,59	3,1
6. Ohne Mg	14	4,74	2,9	3,0	7,2	3,97	0,78	2,8

Auf die schon des öfteren beschriebenen Mangelsymptome braucht hier nicht eingegangen zu werden. Allgemein waren die Verhältnisse bei den Versuchen, die mit unbehandelten Knollen begonnen wurden, ähnlich denen mit vorgekeimten Kartoffeln. Nur der zeitliche Nährstoffanspruch war entsprechend der Entwicklung

Abb. 2

Abb. 3

Abb. 5

Abb. 4

Abb. 6

unterschiedlich. Es ergaben sich aber bei den einzelnen Nährstöffen Einflüsse, die die Vorkeimwirkung unterstützen oder hemmen, so daß für weitere Untersuchungen und für die Praxis folgende Erkenntnisse wichtig erschienen:

Der in Tabelle 1 aufgezeigte mittlere Wasserverbrauch zeigte sich von der Gesamtpflanzenentwicklung direkt abhängig. So ist aus dieser Spalte bereits zu ersehen, daß vollgedüngte, Magnesium- und Kalimangelpflanzen „oberirdisch" die vollkommenste Entwicklung zeigten (s. Abb. 2—6). Dies kommt auch in der Stengelzahl und in dem Krauttrockensubstanzgewicht zum Ausdruck. An Hand der Tabelle 1 kann über den Einfluß der Hauptnährstoffe auf die Entwicklung vorgekeimter Kartoffeln folgendes ausgesagt werden: N-Mangel unterstützte die Vorkeimwirkung zumindest anfangs, indem der Auflauf und die Wurzelentwicklung nicht nachteilig beeinflußt wurden. Der Knollenansatz und die Knollenentwicklung waren hierbei am besten. Im weiteren Verlauf fehlte natürlich die Assimilationsfläche durch die „oberirdisch" nur kümmerlich entwickelten Pflanzen. Physiologisch wäre diese Erscheinung etwa mit der knollenansatzfördernden Wirkung einer Trockenperiode während der Jugendentwicklung vergleichbar. Wir konnten diese Erscheinungen auch bei den hier nicht aufgeführten Proberodungen beobachten: Auch hier hatten die Parzellen ohne N eine zeitige Knollenentwicklung. Dann ist aber eine kontinuierliche Nährstoffzufuhr nötig.

P-Mangel wirkte sich besonders nachteilig auf die Keimentwicklung aus, da die ohne P gedüngten Kartoffeln 12 Tage später aufliefen als vollgedüngte. Diese Tatsache ist auch wie die ungünstig beeinflußte Wurzelentwicklung aus der Abbildung 2 zu ersehen. Somit spielt die P-Düngung für vorgekeimte Kartoffeln eine besondere Rolle. Merkwürdigerweise wirkte sich der P-Mangel auf die Knollenzahl und -masse bis zum Versuchsende nicht nachteilig aus.

Ca-Mangel verzögerte den Auflauf ebenfalls sehr stark (s. Abb. 4). Die Wurzelentwicklung war am schlechtesten! Die Stengelzahl, die Knollenzahl, die Knollen-, Kraut- und Wurzelmasse waren am geringsten. Diese Ergebnisse sind sehr erstaunlich. Denn gerade der Kalkversorgung zu Kartoffeln wurde bisher nur in wenigen Fällen Aufmerksamkeit geschenkt. Dabei läßt sich eine gute Vorkeimwirkung nur bei ausreichender Kalkversorgung erzielen. Eine Vorfruchtkalkung kommt zu Kartoffeln infolge der Schorfgefährdung nicht in Frage. Deshalb sollte hauptsächlich der Kopfkalkung zu Kartoffeln größere Beachtung geschenkt werden. Die von DUNKER (1957) berichteten Mehrerträge bis zu 10% fanden wir in Praxisversuchen auf Buntsandstein- und Muschelkalkverwitterungsböden bestätigt. Auf die bis zu 15 cm hohen trockenen Pflanzen werden (entsprechend den üblichen Kalkdüngerregeln) z. B. für schwere Böden 10—13 dt/ha Branntkalk gestreut. Außerdem wird damit noch eine günstige Wirkung auf Bodenstruktur und Nachfrucht erreicht.

K-Mangel wirkte sich auf den Auflauf und die Jugendentwicklung kaum nachteilig aus. Abbildung 3 zeigt aber noch deutlich den gestauchten Wuchs und eine engere Stellung der Fiederblättchen. So zeigte sich neben verringertem Trockensubstanzgewicht des Krautes und der Wurzeln vor allem eine geringere Knollenzahl und Knollenmasse. Demgegenüber steht ein relativ hoher Wasserverbrauch, der besonders in trockenen Jahren einen Kalimangel unangenehm hervortreten läßt. So ist auch der Faktor Kalidüngung für einen erfolgreichen Anbau vorgekeimter Kartoffeln nicht zu unterschätzen. Lediglich die durch Kalimangel induzierte frühere Reife wirkt im Sinne der Vorkeimung.

Mg-Mangel äußerte sich zunächst weder in der Keimentwicklung noch im Auflauf nachteilig. Auch der Knollenansatz, die Krautentwicklung und die Wurzelmasse zeigten keine Unterschiede zu den vollgedüngten Pflanzen. Lediglich im weiteren Vegetationsverlauf wirkte sich der fehlende Nährstoff Mg auf die Zahl und Masse der Knollen nachteilig aus. Zwischen Vorkeimwirkung und Mg-Düngung konnte keine Wechselwirkung gefunden werden. Im Hinblick auf eine Maximalernte sollte aber unter Berücksichtigung einer harmonischen Volldüngung auch Mg-Mangel entgegengewirkt werden.

Die bisherigen Feldversuchsergebnisse sollen vorwiegend am Beispiel der witterungs- und ertragsmäßig extremen Jahre 1960 und 1961 gezeigt werden. Der Witterungsverlauf ist aus den Abbildungen 7 und 8 zu entnehmen. Dabei symbolisiert die Abbildung 7 gewissermaßen den allgemein üblichen Ertragsverlauf unbehandelter und vorgekeimter Kartoffeln. 1961 (Abb. 8) starben die vorgekeimten Kartoffeln infolge der sommerlichen Dürre schneller ab als die unbehandelten, so daß die letzteren nach Einsetzen einer Regenperiode weiter assimilieren und dadurch

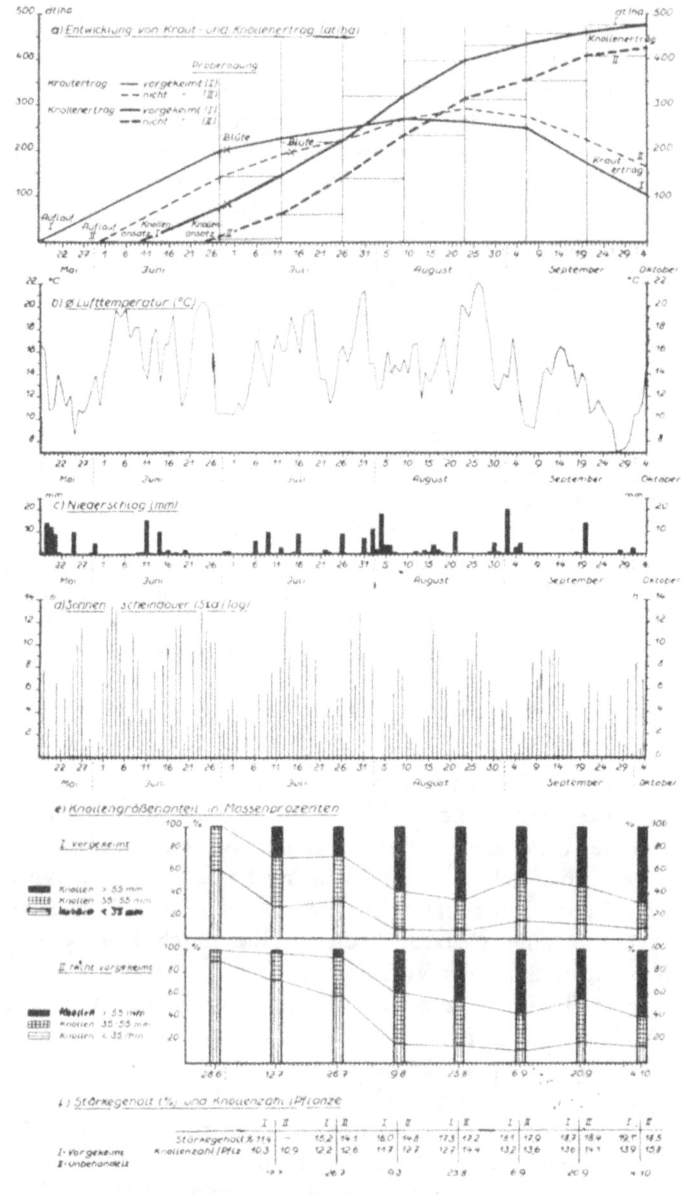

Abb. 7: Witterung und Vorkeimwirkung 1960 (N-Düngungsversuch Kötschau, Sorte „Capella“)

die vorgekeimten Kartoffeln ertraglich einholen konnten. Diese aus dem Frühkartoffelbau bekannte, durch Spätfrostschäden oder Junitrockenheit hervorgerufene Erscheinung gilt folglich auch für vorgekeimte Spätkartoffeln.

Die Grunddüngung zu vorgekeimten Kartoffeln sollte nach Möglichkeit bereits im Vorjahr entweder in Form einer Fruchtfolgedüngung oder zumindest als Stoppeldüngung gegeben werden. In den Tabellen 2 und 3 sind aus dem bereits

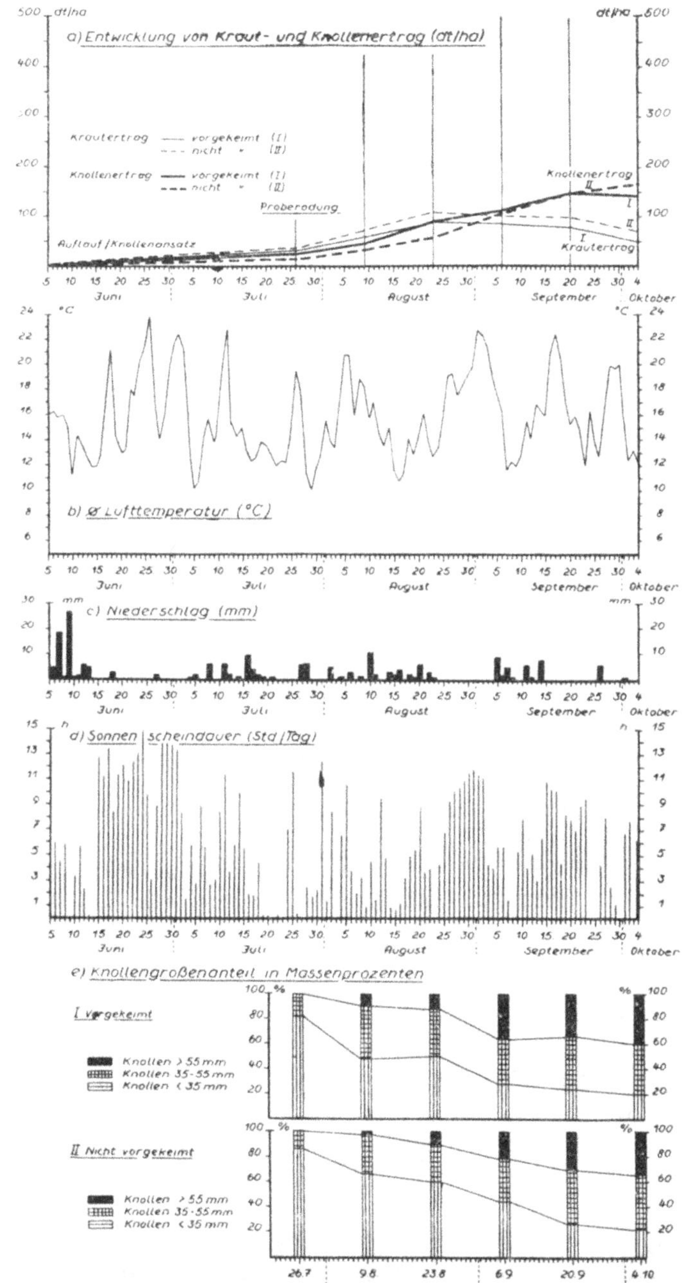

f) Stärkegehalt (%) und Knollenzahl / Pflanze

	26.7 I	26.7 II	9.8 I	9.8 II	23.8 I	23.8 II	6.9 I	6.9 II	20.9 I	20.9 II	4.10 I	4.10 II
Stärkegehalt %	–	–	14,5	13,-	15,4	14,-	20,-	20,-	16,4	17,6	19,4	20,1
Knollenzahl / Pfl	4,5	3,-	5,4	5,5	6,4	6,6	7,9	8,6	8,1	8,5	8,1	9,5

I = Vorgekeimt
II = Unbehandelt

Abb. 8: Witterung und Vorkeimwirkung 1961 (N-Düngungsversuch Kötschau, Sorte „Capella“)

Tabelle 2
PK-Düngung und Vorkeimwirkung
(„Capella“ 1960)

Düngung	Vorbehandlung	Krautertrag dt/ha	Knollenertrag dt/ha	Knollenertrag rel.	Mehrertrag durch Vorkeimen	Stärkegehalt %	Stärkeertrag dt/ha
$N_{120}P_{54}$	unbehandelt	252	451	87		18,8	84,8
	vorgekeimt	161	486	94	+35	19,6	95,2
$N_{120}P_{54}K_{120}$	unbehandelt	268	463	89		18,4	85,2
	vorgekeimt	148	519	**100**	+56	18,8	97,6
$N_{120}P_{108}K_{120}$	unbehandelt	184	460	89		18,8	86,5
	vorgekeimt	83	496	96	+36	19,6	97,2
		$GD_{0,05}$	29	6			

Tabelle 3
PK-Düngung und Vorkeimwirkung (1961)

Düngung	Vorbehandlung	Krautertrag dt/ha	Knollenertrag dt/ha	Knollenertrag rel.	Mehrertrag durch Vorkeimen	Stärkegehalt %	Stärkeertrag dt/ha
$N_{120}P_{54}$	unbehandelt	75,0	200,4	83,6		20,1	40,3
	vorgekeimt	52,0	201,4	84,0	1,0	19,7	39,7
$N_{120}P_{54}K_{120}$	unbehandelt	73,3	236,6	98,7		18,2	43,1
	vorgekeimt	59,5	220,3	91,9	—	17,6	38,8
$N_{120}P_{108}K_{120}$	unbehandelt	105,8	239,8	100,0		18,5	44,4
	vorgekeimt	74,5	230,0	95,9	—	18,7	43,0
		$GD_{0,05}$	26,1	10,9			

beschriebenen Komplexversuch die zur höchsten N-Stufe (120 kg/ha Rein-N) gegebenen P- und K-Gaben in kg/ha Rein-P_2O_5* bzw. Rein-K_2O* in ihrer Wirkung auf vorgekeimte und unbehandelte Kartoffeln dargestellt, um den Kalimangel auf den reich mit K_2O versorgten Böden des Versuchsfeldes erfassen zu können. Die Mangelsymptome waren bereits in Hydrokulturversuchen erfaßt worden. Die P_2O_5-Gabe wurde so nur verdoppelt, damit ihr reifebeschleunigendes Wirken zur Unterstützung des Vorkeimeffektes und zur Verhinderung zu üppigen Krautwachstums untersucht werden konnte.

Der ermittelte Krautertrag (Frischsubstanz) zeigt 1960 tatsächlich die größte reifebeschleunigende Wirkung bei $N_{120}P_{108}K_{120}$. 1961 bewirkte die Trockenheit im August bei den Kalimangelparzellen ein frühes Absterben. Der höchste Mehrertrag in Verbindung mit dem Vorkeimen wurde 1960 bei der Gabe von 120 kg/ha Rein-N, 54 kg/ha Rein-P_2O_5 und 120 kg/ha Rein-K_2O erzielt. Dagegen brachte das Versuchsglied mit der doppelten Phosphorsäuregabe wie das Glied ohne Kali eine — durch 20 dt/ha Minderertrag gekennzeichnete — schlechtere Vorkeimwirkung.

* Zur Umrechnung auf die Reinnährstoffe gelten die Verhältnisse P : P_2O_5 = 1 : 2,3 und K : K_2O = 1 : 1,2.

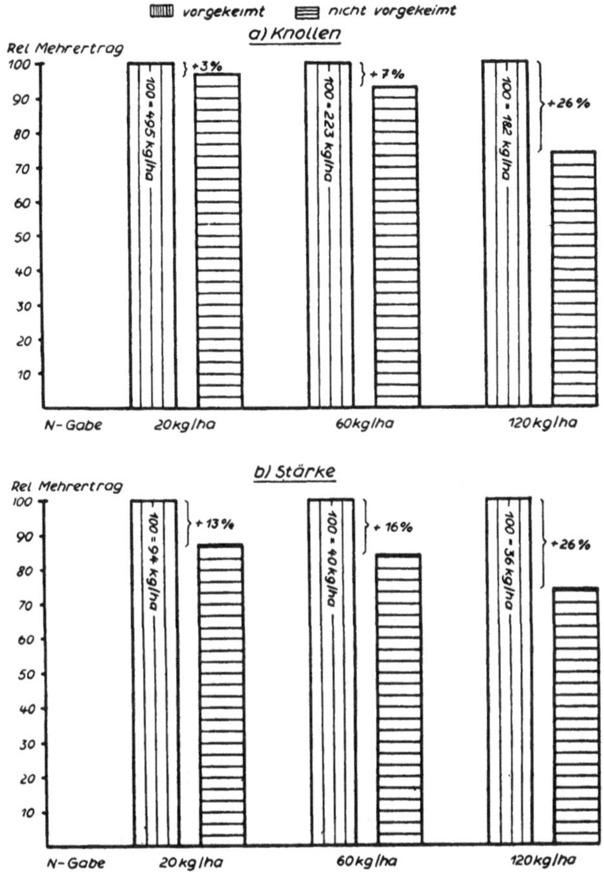

Abb. 9: Relativer Mehrertrag durch 1 kg/ha Rein-N und Vorkeimung

Auf den Stärkegehalt wirkte sich die erhöhte P_2O_5- sowie die Kalimangeldüngung günstig aus. — Außerdem ist noch zu erwähnen, daß sich auch bei vorbehandelten Kartoffeln eine zusätzliche Kaligabe in Form von 1 dt/ha Kalimagnesia oder Emgekali zur Blüte ertragsteigernd auswirkte. Hierfür wäre der Flugzeugeinsatz sehr geeignet.

Zwischen der N-Düngung und der Pflanzgutvorbehandlung besteht nach ULRICH (1960) auf leichtem Boden ein enges Wirkungsverhältnis, wie es auch aus dem Frühkartoffelbau bekannt ist. In der Abbildung 9 sind von den Versuchsgliedern N_0, N_{20}, N_{60} und N_{120} die drei letzteren bei einer Grunddüngergabe von 54 kg/ha Rein-P_2O_5 und 120 kg/ha Rein-K_2O mit ihren auf schwerem Boden durch die Vorkeimung bedingten Erzeugungswerten für 1 kg/ha Rein-N aufgeführt. Der durch das Vorkeimen erhöhte Wirkungswert des N ist deutlich zu sehen. Sowohl der Knollen- als auch der Stärkeertrag zeigen eine wesentlich bessere N-Ausnutzung durch das Vorkeimen. Besonders deutlich kommt dies bei überhöhten N-Gaben zum Ausdruck. Sowohl bei beschränkten N-Mengen als auch bei erhöhten N-Gaben führt das Vorkeimen zum optimalen Erfolg. Da diese Ergebnisse auf schweren Böden gewonnen wurden, ist hiermit auch die bisherige Ertragsbremse auf diesen schwierigen Kartoffelstandorten überwunden. Bisher stellte dort eine N-Gabe von 60 kg/ha Reinnährstoff in Verbindung mit einer ausreichenden Stallmistversorgung etwa die Höchstgrenze dar. Durch das Vorkeimen ließen sich dagegen mit 120 kg/ha Rein-N sogar noch rentable Mehrerträge erzielen.

Diese Ergebnisse über die zweckmäßige Höhe der N-Gabe ließen die Fragen nach einer Unterteilung und nach der zeitlichen Ausbringung wieder akut werden. In Thüringen weit verbreitet und zum Erreichen von Höchsterträgen gut geeignet ist folgende Düngung: 40 kg/ha Rein-N werden in Form von schwefelsaurem Ammoniak zur Bestellung und 20 kg/ha Rein-N in Form von Kalkammonsalpeter nach dem Auflauf gegeben. Obwohl diese zeitlich gestaffelte N-Gabe aus arbeitswirtschaftlichen Gesichtspunkten nicht vertretbar ist, sollte sie in unseren Untersuchungen infolge der weiten Verbreitung gewissermaßen als Standard betrachtet werden. So zeigen die Tabellen 4 und 5 den Einfluß der zeitlichen N-Gabe auf die Vorkeimwirkung. Grundsätzlich wurden zur Bestellung 40 kg/ha Rein-N verabreicht. Die restlichen 20 kg/ha Rein-N wurden in Form von Kalkammonsalpeter zur Bestellung, zum Auflauf, Knollenansatz und Blühende gegeben. Bei unbehandeltem Pflanzgut konnte kein signifikanter Unterschied zwischen den zeitlich unterschiedlichen Kopfdüngergaben festgestellt werden. Das gleiche traf auch für keimgestimmtes Pflanzgut zu. Somit sollte in der Praxis auf ähnlichen Bodenverhältnissen wie in Kötschau zu nicht vorgekeimten Kartoffeln der gesamte Stickstoff zur Bestellung gegeben werden. Das Jahr 1961 gilt als Ausnahme: Wenn wirklich die Jugendentwicklung während so

Tabelle 4

Einfluß des Zeitpunktes der N-Gabe auf die Vorkeimwirkung (N-Düngungsversuch mit „Capella“, Kötschau 1960)

Zeitpunkt der N-Gabe	Vorbehandlung	Knollenertrag dt/ha	Knollenertrag rel.	Mehrertrag durch Vorkeimen	Kraut dt/ha	Stärke %	Stärke dt/ha
1. 60 N zur Bestellung	unbehandelt	444	89		190	19,0	84,4
60 N zur Bestellung	vorgekeimt	476	95	+32 dt	138	19,4	92,3
2. 40 N zur Bestellung, 20 N zum Auflauf	unbehandelt	448	90		202	18,6	83,3
40 N zur Bestellung, 20 N zum Auflauf	vorgekeimt	466	93	+18 dt	138	19,5	90,9
3. 40 N zur Bestellung, 20 N zum Knollenansatz	unbehandelt	451	90		212	18,4	83,0
40 N zur Bestellung 20 N zum Knollenansatz	vorgekeimt	500	**100**	+49 dt	83	18,8	94,0
4. 40 N zur Bestellung, 20 N zum Blühende	unbehandelt	456	91		139	18,4	83,9
40 N zur Bestellung, 20 N zum Blühende	vorgekeimt	497	99	+41 dt	101	19,1	94,9
$GD_{0,05}$		10	2	10	–	–	–

Wechselwirkung zwischen Vorbehandlung x Zeitpunkt der N-Gabe ist statistisch nicht gesichert.

Tabelle 5
Einfluß des Zeitpunktes der N-Gabe auf die Vorkeimwirkung (1961)

Zeitpunkt der N-Gabe	Vorbehandlung	Knollenertrag dt/ha	Knollenertrag rel.	Mehrertrag durch Vorkeimen	Kraut dt/ha	Stärke %	Stärke dt/ha
1. 60 N zur Bestellung	unbehandelt	212,4	91,5		88,4	19,5	41,4
60 N zur Bestellung	vorgekeimt	196,7	84,7		55,8	19,6	38,6
2. 40 N zur Bestellung 20 N zum Auflauf	unbehandelt	232,1	100,0		99,4	19,0	44,1
40 N zur Bestellung 20 N zum Auflauf	vorgekeimt	218,8	94,3		80,6	18,8	41,1
3. 40 N zur Bestellung 20 N zum Knollenansatz	unbehandelt	185,5	79,9		52,2	19,1	35,4
40 N zur Bestellung 20 N zum Knollenansatz	vorgekeimt	171,4	73,8		34,2	19,1	32,7
4. 40 N zur Bestellung 20 N zum Blühende	unbehandelt	198,1	85,4		50,4	18,9	37,4
40 N zur Bestellung 20 N zum Blühende	vorgekeimt	202,8	87,4	2,0	28,4	19,1	38,7
$GD_{0,05}$		11,7	5,0				

langer Zeit witterungsmäßig behindert wird, kann immer noch eine geringe Kopfdüngergabe verabreicht werden.

Für vorgekeimte Kartoffelbestände eignete sich die bisher zumindest in Thüringen praktizierte N-Verteilung — $^{2}/_{3}$ zur Bestellung und $^{1}/_{3}$ nach dem Auflauf — nicht, da hiermit der geringste Vorkeimeffekt erzielt wurde. Der größte durch das Vorkeimen bedingte Mehrertrag wurde in Kötschau bei der Spätsorte „Capella" durch „2 dt/ha schwefelsaures Ammoniak zur Bestellung und 1 dt/ha Kalkammonsalpeter zum Knollenansatz" erreicht. Dieser Zeitpunkt zur Kopfdüngung lag 2—3 Wochen vor Blühbeginn. Auch der Krautertrag war hierbei am niedrigsten, wie es für den Kartoffelbau auf schweren Böden und zur vollmechanisierten Ernte gewünscht wird. Sogar eine verspätete Kopfdüngung zum Blühende brachte gegenüber der „Standardmethode" noch einen signifikanten Mehrertrag von 6%. Diese signifikanten Differenzen verlangen, die Frage der optimalen Düngung vorgekeimter Kartoffeln in größerem Umfang zu untersuchen.

Da sich für diese ertragsteigernde Kopfdüngung eine Harnstoffblattdüngung arbeitswirtschaftlich sehr vorteilhaft auswirken könnte, wurde diese Frage in dem in Tabelle 6 wiedergegebenen 3jährigen Versuch — ebenfalls mit der Sorte „Capella" — geprüft. Als Vergleich diente wieder die Kombination „2 dt/ha Schwefelsaures Ammoniak zur Bestellung und 1 dt/ha Kalkammonsalpeter nach dem Auflauf", die ertraglich am besten abschnitt, aber auch hierbei die geringste Vorkeimwirkung zeigte. Die im zweiten Versuchsglied an Stelle der bisher üblichen Kopfdüngung eingesetzte Harnstoffblattdüngung war nicht signifikant ertragsunterlegen und eröffnet neue Möglichkeiten, indem der Harnstoff unter Einsparung eines Arbeitsganges gemeinsam mit den Krautfäulebekämpfungsmitteln oder Herbiziden ausgebracht wird. Die Blattdüngung wurde in mehrfachen Versuchen von uns erfolg-

Tabelle 6

Einfluß der N-Düngerform auf die Vorkeimwirkung
(3jähriges Mittel aus Pflanzzeiten- und Vorbehandlungsversuch Kötschau 1958—1960)
(Sorte: „Capella")

N-Düngung	Vorbehandlung	Knollenertrag dt/ha	Knollenertrag rel.	Mehrertrag durch Vorkeimen	Krautertrag dt/ha	Stärkegehalt %	Stärkeertrag dt/ha
1. 2 dt/ha schwefelsaures Ammoniak zur Bestellung + 1 dt/ha Kalkammonsalpeter nach dem Auflauf	unbehandelt	441	96		95	20,8	91,7
	vorgekeimt	459	**100**	+ 18	56	20,8	95,5
2. 2 dt/ha schwefelsaures Ammoniak zur Bestellung + 45 kg/ha Harnstoffblattdünger	unbehandelt	425	93		92	20,8	88,4
	vorgekeimt	450	98	+ 25	57	21,2	95,4
3. 3 dt/ha Kalkstickstoff nach der Bestellung vor dem Auflauf*	unbehandelt	382	82		80	20,0	76,4
	vorgekeimt	409	89	+ 27	64	20,1	82,2
4. 1,5 dt/ha Kalkammonsalpeter zur Bestellung + 1,5 dt/ha Kalkammonsalpeter nach dem Knollenansatz	unbehandelt	415	90		80	21,1	87,6
	vorgekeimt	444	97	+29	66	21,3	94,6
5. 1 dt/ha Kalkammonsalpeter + 2 dt/ha schwefelsaures Ammoniak nach dem Auflauf**	unbehandelt	411	90		69	20,7	85,1
	vorgekeimt	449	98	+ 38	39	21,5	96,5
$GD_{0,05}$		22	5	22	—	—	—

* Nur 2jähriges Ergebnis von 1959 und 1960.
** Nur 1jähriges Ergebnis von 1958.

reich durchgeführt. Aus arbeitswirtschaftlichen Gründen wurde der Kalkstickstoff wegen seiner unkrautbekämpfenden Wirkung noch in den Vergleich einbezogen. Die einmalige Stickstoffgabe in Form von 3 dt/ha Kalkstickstoff zwischen Bestellung und Auflauf wirkte zwar herbizid, brachte aber signifikante Mindererträge. Aus theoretischen Überlegungen entsprechend den ersten Ergebnissen der Hydrokulturversuche wurden die Kombinationen 4 und 5 aus Tabelle 6 im Feldversuch geprüft. Die Ergebnisse decken sich wieder mit denen der Hydrokulturversuche, indem tatsächlich die N-arme Jugendernährung mit anschließend kontinuierlicher Stickstoffversorgung den höchsten — durch das Vorkeimen bedingten — Mehrertrag erzielte. Für die Praxis erschien die Kombination 5 wegen der Nichtmischbarkeit unzweckmäßig; sie wurde daher nur einjährig untersucht. Auch die unter 4. aufgeführte Halbierung der N-Gabe dürfte für die Praxis bedeutungslos sein.

Kurze Diskussion der Ergebnisse

Die praktischen Schlußfolgerungen aus den Ergebnissen wurden bereits bei den jeweiligen Erkenntnissen besprochen. Eine Verallgemeinerung erscheint zwar infolge der nur in Kötschau durchgeführten Feldversuche und der extremen Witterungsverhältnisse des Jahres 1961 noch nicht angebracht, doch sprechen die Übereinstimmung der Ergebnisse aus den Hydrokultur- und Feldversuchen sowie die in der Praxis durchgeführten Beobachtungen für eine weitere Untersuchung bzw. für eine Erprobung unter anderen Produktionsbedingungen in der Praxis.

Die extrem gegensätzliche Witterung der Versuchsjahre 1960 und 1961 mußte sich natürlich auch auf die Nährstoffausnutzung auswirken, da einmal die N-Mobilisierung und -Auswaschung sowie die P-Festlegung unterschiedlich und zum anderen der positive Einfluß einer Kalidüngung in Trockenjahren bekannt waren. Dieses Beispiel wurde aber bewußt gewählt, um die ganze Problematik der Forschung auf düngungstechnischem Gebiet zu zeigen. 1961 war zunächst die Frühjahrswitterung so ungünstig, daß die Kartoffeln erst am 19. 5. gelegt werden konnten. Die anschließenden überdurchschnittlichen Niederschläge bei abnormal tiefen Temperaturen verursachten sehr ungünstige Auflaufbedingungen und eine ungewöhnlich schlechte Jugendentwicklung, so daß die Kopfdüngergabe (Tab. 5, 2. Versuchsglied) nach dem Auflauf den stärksten Mehrertrag bewirkte. Die Trockenperiode von Mitte August bis Anfang September ließ alle der Vorkeimwirkung ähnlichen Faktoren infolge ihres reifebeschleunigenden Einflusses ertraglich abfallen (s. Abb. 8). So brachten 1961 nicht nur die vorgekeimten Versuchsglieder ausnahmsweise — durch den Witterungseinfluß wohl begründete — Mindererträge, sondern auch die als optimale Düngungsmaßnahmen zu vorgekeimten Kartoffeln geschilderten Methoden. Der im Juni zum Knollenansatz gestreute Kalkammonsalpeter konnte sich z. B. durch die bis Anfang Juli dauernde Trockenheit gar nicht lösen. Insgesamt waren noch eine sehr schlechte Bodenstruktur und hohe Nährstoffauswaschungsverluste im Frühjahr festzustellen. Die Untersuchungen werden wegen ihrer Bedeutung für unsere sozialistische Praxis fortgesetzt.

Aus den bisher gewonnenen Erkenntnissen könnten zur Düngung vorgekeimter Kartoffeln auf schweren Böden entsprechend Kötschauer Verhältnissen folgende Vorschläge für die Praxis unterbreitet werden: Die PK-Grunddüngung sollte bereits im Vorjahr gegeben werden. Bei evtl. auftretenden Mangelsymptomen oder der Möglichkeit des Flugzeugeinsatzes kann zur Blütezeit eine Kalikopfdüngung mit 1dt/ha Kalimagnesia empfohlen werden. Besondere Beachtung ist der Kalkversorgung zu widmen. Da die Gründüngung immer mehr angewandt wird, erscheint auch aus dieser Sicht eine Kopfkalkung stets angebracht. Die Höhe der N-Gabe wird durch das Vorkeimen nicht mehr so eng begrenzt. Zweckmäßig erscheint noch eine Kopfdüngung zur Zeit des Knollenansatzes, möglichst in Form einer mit Schädlingsbekämpfungsarbeiten gekoppelten Harnstoffblattdüngung.

Zusammenfassung

1. Die Ergebnisse aus Hydrokultur- und Feldversuchen über die zweckmäßige Düngung vorgekeimter Spätkartoffeln erscheinen für die Praxis bedeutungsvoll. Auch die Kartoffel hat einen bestimmten Keimwasserbedarf.
2. Allgemein muß auf eine genügende Kalk-, Phosphorsäure- und Kaliversorgung des Bodens geachtet werden. Auch eine Kopfkalkung erscheint sehr ratsam.
3. Die Nährstoffe P und K sollten entweder in Form einer Fruchtfolgedüngung oder in üblicher Höhe vor der Bestellung als Grunddünger gegeben werden. Eine Kalikopfdüngung mit 1 dt/ha Kalimagnesia zur Zeit der Blüte erscheint lohnenswert.

4. Vorgekeimte Bestände nützen eine höhere N-Gabe aus. Der Wirkungswert des Stickstoffs wird durch Vorkeimen wesentlich verbessert.
5. Der durch Vorkeimung bewirkte Mehrertrag wurde durch eine zweite N-Gabe zum Knollenansatz signifikant erhöht. Hier ließe sich auch eine mit Schädlingsbekämpfungsmitteln kombinierte Harnstoffblattdüngung erfolgreich einsetzen.

Резюме

1. Результаты опытов гидрокультуры и полевых опытов по целесообразному удобрению предварительно проращенного позднего картофеля повидимому имеют значение для практики. Тоже картофель имеет определенную потребность в воде при прорастании.
2. Вообще следует обратить внимание на достаточное снабжение почвы известью, фосфорной кислотой и калием. Подкормка известью тоже кажется очень целесообразной.
3. Питательные вещества P и K рекомендуется давать или в форме удобрения внутри севооборота или в обычном количестве перед высевом в качестве основного удобрения. Подкормка калием в количестве 1 ц/га калийной магнезии во время цветения кажется выгодной.
4. Предварительно проращенные посевы используют более высокую дачу N. Эффективность азота значительно повышается вследствие предварительного проращивания.
5. Полученную вследствие предварительного проращивания прибавку урожая значимо повысила вторая дача N во время образования клубней. Здесь оказалось бы успешным и применение внекорневой подкормки мочевиной, комбинированной с ядохимикатами для борьбы с вредителями.

Summary

1. The results of hydroculture tests and field tests concerning the effective fertilization of pre-germinated late potatoes seem to be of great importance for practice. Also the potatoe is characterized by a certain need of germination water.
2. In general it is necessary to take into consideration a sufficient supply of the soil with calcium fertilizers, phosphoric acid and potassium. A head-liming seems to be very advisable.
3. The nutrients P and K shall be given either in form of a rotation of crops or in the usual height before the cultivation as basic fertilizer. A head-fertilization with potassium and potassium magnesium at the time of blooming seems to be also advisable and profitable.
4. Pre-germinated stocks utilize higher nitrogen samples. The effective value of nitrogen is improved in a high degree by pre-germination.
5. The surplus output brought into existence by pre-germination was significantly increased by a second sample of nitrogen at the time of development of tubers. In this case a fertilization of leaves with urea combined with defestation means will be used successfully.

Literaturverzeichnis

1. BIRECKI, M.: Einige Forschungsergebnisse aus dem Kartoffelbau in Polen. Dt. Landwirtsch. 1957, **8**, 597
2. BURGHAUSEN, R.: Mineraldüngung des Ackerlandes in sozialistischen Großbetrieben (Diskussionsbeitrag). Dt. Landwirtsch. 1960, **11**, 233
3. BURGHAUSEN, R.: Untersuchungen über das Wirken der Vorkeimung von Pflanzkartoffeln unter Kunstlicht. 1961, Diss. Univ. Jena
4. FISCHNICH, O., und E. LATZKO: Stoffliche Zusammensetzung von Kartoffeln in Abhängigkeit von Boden und PK-Düngung. Hefte f. d. Kartoffelbau 1959, **11**, 9
5. FISCHNICH, O., und F. HEILINGER: Verhalten verschieden gedüngter Kartoffeln während der Lagerung. Hefte f. d. Kartoffelbau 1959, **11**, 34
6. FRIEBE, P.: Treibkartoffelbau. 1950, Berlin, Verl. Parey
7. JÄHNL, G.: Keimstimmung und Ertrag der Kartoffel. (Vorl. Mitt.) Bodenkultur 1958, **10**, 27
8. KALINKEWITSCH, A. F., und W. A. ALEXANDROWSKAJA: Der Stoffwechsel in keimenden Kartoffelknollen unter dem Einfluß von Düngemitteln. Ber. Akad. Wiss. UdSSR 1956, **108**, 683
9. KLAPP, E.: Kartoffelbau. Schr. ü. neuzeitl. Landbau 1950, **10**, Eugen Ulmer — Stuttgart, z. Z. Ludwigsburg
10. LETNES, A.: The effect of soil moisture on the sprouting of potatoes. Eur. Potato J. 1958, **1**, 27
11. ROEMER, Th., u. a.: Handbuch der Landwirtschaft. 1952, Bd. I u. II, Berlin u. Hamburg, Paul Parey Verlag
12. SCHICK, R., u. a.: Die Kartoffel. Ein Handbuch. 1961, Bd. I, Berlin, VEB Dt. Landwirtsch.-Verl.
13. SCHLEUSENER, W.: Besondere Düngung und Anbautechnik für vorgekeimte Bestände. Kartoffelbau 1959, **10**, 17
14. SCHRÖDER: Düngung beim Vorkeimen und Frühroden. Kartoffelbau 1960, **11**, 35
15. SCHROPP, W.: Methodenbuch. 1951, Bd. VIII: Der Vegetationsversuch. 1. Die Methodik der Wasserkultur höherer Pflanzen. Radebeul u. Berlin, Neumann-Verl.
16. ULRICH, G.: Vorkeimung des Kartoffelpflanzgutes. Dt. Landwirtschaft 1960, **11**, S. 120
17. VOGT: Vorkeimen und Frühroden unter Berücksichtigung der richtigen Düngungs- und Pflegemaßnahmen. Kartoffelbau 1959, **10**, 24
18. DUNKER, R.: Ergebnisse der Kartoffel-Kopfkalkung in Rheinland-Pfalz. Kartoffelbau 1957, **8**, 3

Aus dem Institut für Landwirtschaftliches Untersuchungswesen Potsdam
der Deutschen Akademie der Landwirtschaftswissenschaften zu Berlin
(Direktor: Prof. Dr. rer. nat. habil. W. SELKE)

H. GÖRLITZ

Über den Einfluß von Pflanzzeit und Vorbehandlung auf den Knollenertrag, die Stärkeleistung sowie die Zusammensetzung der Knollen und Eigenschaften der Stärke mittelspäter und später Kartoffeln

Eingegangen: 15. 8. 1962

Ausgehend vom Frühkartoffelanbau sind Pflanzzeit und Vorbehandlung (Keimstimmung und Vorkeimen) als zwei wesentliche Faktoren zur Steigerung der Ertragsleistung der Kartoffeln erkannt worden. Beide wirken auf eine volle Ausnutzung der den Pflanzen zur Verfügung stehenden Vegetationszeit hin. Dies kann durch photoperiodische Einflüsse auf den Entwicklungsrhythmus der Kartoffelpflanzen unterstützt werden (KRUG 1957 und 1960, KUBICKI 1959, RUDORF 1953, SCHULZE 1954 und 1958, STELZNER und TORKA 1940, ULRICH 1958) und führt in Abhängigkeit von den Witterungsbedingungen zu höheren Erträgen.

Neben dem Einfluß auf die Erhaltung des Gesundheitswertes der Kartoffeln, auf den hier nicht weiter eingegangen werden soll, lassen zahlreiche Versuche erkennen, daß auch bei den mittelfrühen bis späten Sorten mit der Vorbehandlung des Pflanzgutes durchaus wirtschaftliche Mehrerträge erzielt werden (BURGHAUSEN 1962, FISCHNICH 1956 und 1958, KUBICKI 1960, ORTMANN 1957, SCHLEUSENER 1952 und 1953, SCHWARZ 1957, ULRICH 1958 und 1960, VOIGT 1959). Über den Wirkungsgrad der Vorbehandlung zu verschiedenen Pflanzzeiten liegen nur wenige Angaben vor (BURGHAUSEN 1962, ULRICH 1958). Das gleiche gilt für die Einflußnahme dieser Faktoren auf die Zusammensetzung der Knollen sowie die Eigenschaften der Kartoffelstärke (WEGNER und WINKLER 1959).

Die vorliegenden Versuche aus den Jahren 1957 bis 1961 sollten auf leichten bis mittleren Böden der Bezirke Potsdam, Cottbus und Frankfurt/O. den Wirkungsgrad und die Stetigkeit des gemeinsamen Einflusses der Pflanzzeit und Vorbehandlung auf die Knollen- und Stärkeleistung untersuchen. Weiterhin sollten mögliche Veränderungen im Rohprotein- und Mineralstoffgehalt der Knollen sowie in der Zusammensetzung und den Eigenschaften der Stärke (Korngrößenstaffelung, P_2O_5-Gehalt, Viskosität, Amylose : Amylopektin-Verhältnis) aufgezeigt werden, die — neben dem Stärkegehalt — für die Futterkartoffel wie auch für die Stärkeindustrie (MAURER 1961, WEGNER und WINKLER 1959) beachtenswert erscheinen.

Die erste Versuchsserie, die jeweils an drei Orten in den Jahren 1957 bis 1960 vorwiegend mit den Sorten „Merkur“, „Ora“ und „Gerlinde“ durchgeführt wurde, schließt sowohl das extrem trockene Jahr 1959 als auch das für Kartoffeln günstige Jahr 1960 ein. Die Standortbedingungen der Versuche sind durch leichte bis mittlere Böden — Sand und lehmiger Sand — mit Bodenwertzahlen zwischen 20 und 40 und schwach saurer Bodenrekation gekennzeichnet. Als Düngung wurden neben Stalldung 50 kg/ha N, 54 kg/ha P_2O_5 und 120 kg/ha K_2O verabreicht.

Das frühe Pflanzen erfolgte, wenn der Boden genügend abgetrocknet war und sich etwa auf 6 °C erwärmt hatte. Zur zweiten, späteren Pflanzzeit betrug die Bodentemperatur 8 bis 10 °C, wobei auch hier der Bodenzustand eine ordnungsgemäße Bestellung zulassen mußte. Die einzelnen Termine sind in Tabelle 1 zusammengestellt. Sie lassen zum Teil jahres- und standortbedingte Unterschiede erkennen. Des weiteren geht aus diesen Daten hervor, daß in allen Jahren wesentlich früher mit dem Kartoffellegen begonnen werden konnte, als dies in der Praxis verbreitet geschehen ist.

Die Auflaufgeschwindigkeit (Tabelle 2) wurde merklich durch die Bodentemperaturen beeinflußt. Innerhalb der Pflanzzeiten kommen die verschiedenen Vorbehandlungsstufen deutlich zum Ausdruck. Zum zweiten Pflanztermin benötigten daher die vorgekeimten Knollen nur etwa die halbe Zeit bis zum Aufgang wie die unbehandelt gelegten Knollen der frühen Pflanzzeit. Obwohl die früh gelegten Kartoffeln langsamer aufgingen und eher reiften, stand ihnen eine längere Vegetationsperiode und damit eine längere Zeit für die Knollenausbildung zur Verfügung. Durch die Vorbehandlung wurde die Vegetationsperiode weiter verlängert.

Tabelle 1

Zeitpunkt des Auspflanzens

Pflanzzeit	Versuchsort: Kerkow 1.	Kerkow 2.	Herzberg 1.	Herzberg 2.	Grüna 1.	Grüna 2.
1957	5. 4.	3. 5.	4. 4.	3. 5.	10. 4.	2. 5.
1958	18. 4.	6. 5.	18. 4.	21. 5.	21. 4.	12. 5.
1959	6. 4.	12. 5.	4. 4.	29. 4.	16. 4.	30. 4.
1960	8. 4.	12. 5.	30. 3.	7. 5.	1. 4.	4. 5.

Tabelle 2

Auflaufgeschwindigkeit und Vegetationslänge

Pflanzzeit	Vorbehandlung	Tage Auspflanzen bis Aufgang Mittel aus 12 Versuchen	Tage Auspflanzen bis Aufgang (Mittel aus 5 Versuchen)	Tage Auspflanzen bis Krautabsterben (Mittel aus 5 Versuchen)	Tage Aufgang bis Krautabsterben
früh	vorgekeimt	31	29	156	127
früh	Keimstimmung	35	34	157	123
früh	unbehandelt	40	38	159	121
spät	vorgekeimt	18	16	130	114
spät	Keimstimmung	23	20	132	112
spät	unbehandelt	25	24	134	110

Knollenertrag

Die frühe Pflanzzeit (Tabelle 3) weist eine sichere und hohe Überlegenheit im Knollenertrag auf. Die Ertragsleistung der Kartoffeln konnte allein durch die Ausnutzung der möglichen frühen Bestellung im Mittel aller Vorbehandlungen um 10%, bei den nicht vorbehandelten Kartoffeln sogar um 15% erhöht werden. In Abhängigkeit von der Zeitspanne zwischen den beiden Bestellungsterminen, den Standort-

und Witterungsbedingungen bestanden signifikante Wechselwirkungen zwischen der Höhe des Mehrertrages ünd den Standorten bzw. Jahren.

Der Einfluß der beiden Vorbehandlungen zeichnet sich entsprechend ihrer Intensität in einem linearen Ertragsanstieg ab. Die Keimstimmung brachte dabei, wie in anderen Versuchen (BURGHAUSEN 1962, FISCHNICH 1956 und 1958, SCHWARZ 1957, ULRICH 1958), etwa die Hälfte des mit dem Vorkeimen erreichten Ertragszuwachses.

Zwischen der Vorbehandlung und der Pflanzzeit bestand aber eine signifikante Wechselwirkung ($F_{\alpha\ 0,05\%}$ 5,91 F-Tab. 3,04). Beide Vorbehandlungen hatten bei früher Pflanzzeit mit 3 bzw. 7% Mehrertrag gegenüber „nicht vorbehandelt" nur etwa die Hälfte des Ertragsanstieges zur Folge, der bei späterer Bestellung durch dieselben Maßnahmen erzielt wurde (8 bzw. 15%). Der Wirkungsgrad der Vorbehandlung nimmt also entsprechend den Ergebnissen von ULRICH (1957) mit später werdender Pflanzzeit zu. Die Höhe der Mehrerträge wird im einzelnen von den Witterungs- und Standortbedingungen sowie dem Ertragsniveau mitbestimmt. Ordnet man die Ergebnisse unabhängig von den Standorten, so kann daher der Zusammenhang zwischen Pflanzzeit und Wirkungsgrad der Vorbehandlung zum Teil überdeckt werden, wie die nur wenig ausgeprägte nicht signifikante Korrelation der Darstellung von BURGHAUSEN (1962) erkennen läßt. Im vorliegenden Material dagegen zeigt bei einem derartigen Vorgehen der signifikante Korrelationskoeffizient mit $r = 0,58$ einen recht guten Zusammenhang an. Die Beziehungen zwischen der Pflanzzeit und dem Wirkungsgrad der Vorbehandlung wurden hier weniger durch anderweitige Faktoren überdeckt.

Die ertragsteigernde Wirkung beider Arten der Vorbehandlung war bei früher Bestellung nicht nur geringer, sondern auch unsicherer. Während bei späterer Pflanzzeit durch die Vorbehandlung immer bedeutende Mehrerträge eintraten, blieben sie innerhalb der frühen Pflanzzeit zum Teil aus. Dies war dann der Fall, wenn der Entwicklungsvorsprung der vorbehandelten Kartoffeln durch Spätfröste eingeschränkt wurde oder die Entwicklung der nicht vorbehandelten früh gepflanzten Kartoffeln so verlief, daß bei zeitigem Knollenansatz und langer Vegetation auch ohne Vorbehandlung die volle Leistungsfähigkeit der mittelspäten und späten Sorten ausgeschöpft werden konnte (ULRICH 1958).

Stärkegehalt und Stärkeertrag

Im Gegensatz zu den Knollenerträgen wurde der Stärkegehalt der Knollen weder durch die Vorbehandlung des Pflanzgutes noch durch die Pflanzzeit verändert. Es bestand auch keine gesicherte Wechselwirkung zwischen Pflanzzeit und Vorbehandlung. Die geringfügige Erniedrigung des Stärkegehaltes in der vorgekeimten Variante bei früher Pflanzzeit liegt innerhalb der Fehlergrenzen. In dem vorliegenden Versuchsmaterial trat lediglich der nicht mit der Versuchsfrage in Zusammenhang stehende Einfluß der Jahreswitterung und der Versuchsorte (Standortbedingungen und Sorten) statistisch gesichert in Erscheinung.

Da der Stärkegehalt der Kartoffeln gleich blieb, verhalten sich die Stärkeerträge wie die Knollenerträge. Es kann daher bezüglich des Einflusses der Pflanzzeit, des Wirkungsgrades der Vorbehandlung bei den Pflanzzeiten sowie bezüglich der additiven Wirkung von Pflanzzeit und Vorbehandlung auf die Ausführungen bei den Knollenerträgen verwiesen werden.

Tabelle 3
Einfluß der Pflanzzeit und Vorbehandlung auf den Knollenertrag, Stärkegehalt und Stärkeertrag
(Mittel aus 12 Versuchen — 1957 bis 1960)

	Knollen		Stärke		
	dt/ha	rel.	%	dt/ha	rel.
Erste Pflanzzeit (Anfang bis Mitte April)	293	110	16,0	47,0	110
Zweite Pflanzzeit (Anfang bis Mitte Mai)	267	100	16,0	42,8	100
$GD_{5\%}$	7	3	0,4	1,2	3
Vorgekeimt	293	110	15,8	46,6	108
Keimstimmung	280	105	16,0	45,0	104
Unbehandelt	267	100	16,1	43,2	100
$GD_{5\%}$	8	3	0,5	1,4	3
Erste Pflanzzeit, vorgekeimt	302	122	15,7	47,8	119
Erste Pflanzzeit, Keimstimmung	293	118	16,0	47,0	117
Erste Pflanzzeit, unbehandelt	285	115	16,2	46,3	115
Zweite Pflanzzeit, vorgekeimt	284	115	16,0	45,4	113
Zweite Pflanzzeit, Keimstimmung	268	108	16,1	43,0	107
Zweite Pflanzzeit, unbehandelt	248	100	16,1	40,1	100
$GD_{5\%}$	12	5	0,7	2,0	5

Rohprotein- und Mineralstoffgehalt

Um den Einfluß der Pflanzzeit und Vorbehandlung auf den Rohprotein- und Mineralstoffgehalt der Knollen und die Eigenschaften der Stärke zu ermitteln, wurden 1959 und 1960 die extremen Varianten „früh gepflanzt und vorgekeimt" sowie „spät gepflanzt, nicht vorbehandelt" untersucht. Aus der Ernte 1961 sind die Analysen von drei Versuchsreihen über den Einfluß des Vorkeimens bei verschiedenen Düngungsstufen angeführt.

Für die Untersuchungen wurden von jedem Prüfglied zur Ernte je 100 Knollen mit einem größten Längsdurchmesser von $<$ 3 cm (nur 1961), 3 bis 5 cm und über 6 cm entnommen. Je eine Hälfte bzw. ein Viertel wurde für die Untersuchungen der Knollen bzw. zur Gewinnung der Stärke herangezogen.

Der Rohproteingehalt der Knollen ist in Tabelle 4 zusammengestellt. Er wurde durch die Standortbedingungen und die Sorten wesentlich stärker beeinflußt als durch die Vorbehandlung und die Pflanzzeit. 1960 enthielten in zwei Versuchen die vorgekeimt und früh gepflanzten Kartoffeln einen etwas niedrigeren Rohproteingehalt als die nicht vorbehandelt und spät gepflanzten. Im Rohproteinertrag je Hektar übertraf aber die erste Variante die zweite in jedem Fall (im Mittel der Versuche 6,91 dt/ha zu 6,02 dt).

Aus den Untersuchungen des Jahres 1961, die den Einfluß des Vorkeimens bei verschiedenen Düngungsstufen beinhalten, soll in diesem Zusammenhang nur auf die Vorbehandlung, nicht aber auf die Auswirkung der Düngung eingegangen werden. Zu den allgemeinen Versuchsbedingungen ist für dieses Jahr zu ergänzen, daß die Kartoffeln, und zwar besonders die früh und vorgekeimt gepflanzten, sehr unter der kühlen und nassen Witterung litten. Die Versuchsstandorte sind wie folgt gekennzeichnet:

Wulkow: Sl 3 D 37/39; pH-Wert: 5,9; P_2O_5: 10 mg/100 g Boden; K_2O: 14 mg/100 g Boden (nach Egnér-Riehm)

Reckahn: S 4 D 23/22; pH-Wert: 5,2; P_2O_5: 6 mg/100 g Boden; K_2O: 6 mg/100 g Boden (nach Egnér-Riehm)

Kl. Schulzendorf: Sl 4 D 29/27; pH-Wert: 4,3; P_2O_5: 9 mg/100 g Boden; K_2O: 4 mg/100 g Boden (nach Egnér-Riehm)

Im Mittel der vier Düngungsstufen war auch 1961 keine nennenswerte Änderung des Rohproteingehaltes der Knollen in Abhängigkeit von der Vorbehandlung zu verzeichnen. Das Vorkeimen hatte eine größere Stickstoffaufnahme der Pflanzen zur Folge, so daß trotz der höheren Erträge der Rohproteingehalt in den Knollen im allgemeinen nicht vermindert wurde. Eine gewisse Verringerung der Werte, die ein Prozent Rohprotein in der Trockensubstanz nicht überschritt, war nur dann zu verzeichnen, wenn durch Vorbehandlung oder Pflanzzeit der Knollenertrag so stark anstieg, daß die Stickstoffaufnahme aus dem Boden nicht ausreichte, um die Gehaltswerte zu halten. Dies trat vor allem bei einer Wechselwirkung zwischen dem Vorkeimen und der Stickstoff- bzw. Phosphorsäuredüngung in Erscheinung. Demgegenüber wurde in anderen Fällen, besonders bei hohen Phosphorsäuregaben, durch das Vorkeimen die Stickstoffaufnahme und damit z. T. geringfügig auch der Rohproteingehalt der Knollen verbessert. Der Futterwert und die Verarbeitungseigenschaften der Kartoffeln werden somit bezüglich des Rohproteingehaltes im allgemeinen nicht nennenswert verändert.

Tabelle 4

Einfluß von Vorbehandlung und Pflanzzeit auf den Rohproteingehalt der Kartoffelknollen (% in der Trockensubstanz)

Versuche	Vorgekeimt und früh gepflanzt Knollengröße 3–5 cm	Vorgekeimt und früh gepflanzt Knollengröße > 6 cm	Nicht vorbehandelt spät gepflanzt Knollengröße 3–5 cm	Nicht vorbehandelt spät gepflanzt Knollengröße > 6 cm
1960				
Grüna	7,94	7,56	7,69	7,13
Kerkow	6,44	6,63	7,56	7,69
Herzberg	9,06	9,13	10,50	9,63

	Vorgekeimt, früh gepflanzt, Knollengröße			Nicht vorbehandelt, früh gepflanzt, Knollengröße			Nicht vorbehandelt, spät gepflanzt, Knollengröße		
	<3cm	3–5 cm	>6cm	<3cm	3–5 cm	>6cm	<3cm	3–5 cm	>6cm
1961									
Wulkow	7,69	6,74	6,82	7,55	6,86	6,67	–	–	–
Reckahn	7,19	6,27	6,42	7,14	6,51	6,68			
				6,38	5,81	5,88	8,31	6,63	7,25
Kl. Schulzendorf	8,96	7,97	7,66	8,77	7,89	7,38			
				8,06	7,19	7,13	8,63	7,13	6,69

Unabhängig von der Pflanzzeit, Vorbehandlung und Düngung kommt 1961 ein unterschiedlicher Rohproteingehalt der verschieden großen Knollen zum Ausdruck. Vor allem die kleinen Knollen unter 3 cm enthielten einen wesentlich höheren Rohproteingehalt, ein Befund, der für die Verwendung der Untergrößen als Futter- oder Fabrikkartoffel wesentlich erscheint.

Auch im Phosphorsäuregehalt der Kartoffeln (Tabelle 5) sind meist höhere Gehaltswerte bei den kleinen Knollen zu verzeichnen. Die beiden Knollengrößen 3—5 cm und über 6 cm lassen 1960, in einem während der Kartoffelentwicklung bis zur Blüte trockenen und daher für die Phosphorsäureaufnahme ungünstigen Jahr, nur geringe Unterschiede erkennen. In dem nassen Jahr 1961 kommt in allen Kombinationen mit abnehmender Knollengröße die steigende Tendenz der Phosphorsäurewerte zum Ausdruck.

Die Gehaltswerte fielen in Abhängigkeit von der Jahreswitterung, den Standortbedingungen und den Erträgen z. T. recht unterschiedlich aus. Der Einfluß der Vorbehandlung und Pflanzzeit tritt demgegenüber zurück. Aus den genannten witterungsbedingten Ursachen war 1960 keine nennenswerte Beeinflussung des P_2O_5-Gehaltes vorhanden. In den vorgekeimt und früh gepflanzten Kartoffeln ist ein geringfügig niedrigerer Phsophorsäuregehalt angedeutet. Die Phosphorsäureaufnahme je Hektar lag aber bei den vorgekeimt und früh gepflanzten Partien wesentlich höher (im Mittel der Versuche 41,0 kg/ha gegenüber 34,4 kg/ha P_2O_5), so daß die den Pflanzen zur Verfügung stehenden Phosphorsäuremengen besser ausgenutzt wurden. 1961 enthielten bei gleicher Pflanzzeit die vorgekeimt gepflanzten Kartoffeln einen geringfügig höheren Phosphorsäuregehalt.

Tabelle 5

Einfluß von Vorbehandlung und Pflanzzeit auf den Phosphorsäuregehalt der Kartoffelknollen (P_2O_5% in der Trockensubstanz)

Versuche	Vorgekeimt und früh gepflanzt, Knollengröße		Nicht vorbehandelt spät gepflanzt, Knollengröße	
	3—5 cm	> 6 cm	3—5 cm	> 6 cm
1960				
Grüna	0,46	0,45	0,49	0,47
Kerkow	0,43	0,44	0,48	0,43
Herzberg	0,47	0,47	0,49	0,48

Versuche	Vorgekeimt früh gepflanzt, Knollengröße			Nicht vorbehandelt früh gepflanzt, Knollengröße			Nicht vorbehandelt spät gepflanzt, Knollengröße		
	<3cm	3—5 cm	>6cm	<3cm	3—5 cm	>6cm	<3cm	3—5 cm	>6cm
1961									
Wulkow	0,74	0,65	0,58	0,71	0,64	0,55	—	—	—
Reckahn	0,64	0,59	0,57	0,62	0,58	0,54			
				0,71	0,63	0,62	0,65	0,54	0,57
Kl. Schulzendorf	0,50	0,43	0,39	0,42	0,37	0,35			
				0,45	0,39	0,35	0,48	0,48	0,38

Der Einfluß einer späten Pflanzzeit machte sich in Reckahn in einem geringeren Phosphorsäuregehalt der Knollen bemerkbar, während in Klein-Schulzendorf die Tendenz zu geringfügig höheren Werten bestand. Neben den unterschiedlichen Bedingungen für die Phosphorsäureaufnahme kann dieses gegensätzliche Verhalten in Zusammenhang mit der Ertragsleistung gedeutet werden. In Reckahn brachten auf Grund der Witterungsbedingungen die Mitte Mai gepflanzten Kartoffeln höhere Erträge als die Mittel April gelegten, so daß sich die aufgenommene Phosphorsäure auf eine größere Knollenmasse verteilt.

Insgesamt treffen für die Phosphorsäureaufnahme dieselben Folgerungen wie beim Stickstoff zu, nämlich, daß Vorkeimen und frühe Pflanzzeit im Durchschnitt ohne nennenswerte Beeinflussung des Gehaltes die mit den Ernteprodukten aufgenommenen Nährstoffmengen vergrößern. Auch bezüglich des Einflusses steigender Düngergaben auf die Gehaltswerte bestehen in einigen Fällen ähnliche Wechselwirkungen mit der Einflußnahme auf die Ertragsleistung wie beim Stickstoff.

Weitere Untersuchungen aus dem Jahre 1960 über den Kali-, Kalzium- und Magnesiumgehalt der Kartoffelknollen ergaben einen höheren K_2O-Gehalt in den spät gepflanzten Kartoffeln, während im Kalzium- und Magnesiumgehalt keine Unterschiede zu verzeichnen waren.

Zusammensetzung und Eigenschaften der Stärke

Für die industrielle Stärkegewinnung interessiert u. a. der Einfluß auf die Korngrößenzusammensetzung und den Phosphorsäuregehalt der Stärke, weil von dem Anteil kleiner Stärkekörner (< 10 µm Durchmesser) die Ausbeute und von dem P_2O_5-Gehalt der Kartoffelstärke ihre Viskosität mitbestimmt wird (MAURER 1961, WEGNER und WINKLER 1959, WINKLER 1961).

Zur Stärkeaufbereitung sei erwähnt, daß die Stärke mit destilliertem Wasser von Zimmertemperatur ausgewaschen wurde, da Eiswasser nicht in größeren Mengen zur Verfügung stand (WINKLER 1960 und 1961). Die Verkleisterung der Stärke wurde wegen der einfacheren Handhabung und der geringeren Einflüsse äußerer Einwirkungen auf alkalischem Wege vorgenommen (WEGNER und WINKLER 1954). Die Bestimmung des P_2O_5-Gehaltes erfolgte nach der Vanadat-Molybdat-Methode, die des Amylosegehaltes nach der „Blauwert“-Methode (ULMANN und AUGUSTAT 1958). Die Korngrößenstaffelung wurde mittels der Sedimentation festgestellt.

Ein recht deutlicher Einfluß der Vorbehandlung und Pflanzzeit kommt in der Korngrößenzusammensetzung zum Ausdruck. Gleichsinnig mit den Ergebnissen von WEGNER und WINKLER (1959) und ANNUK (1959) enthielt die Stärke der vorgekeimt und früh gepflanzten Knollen einen wesentlich geringeren Anteil kleiner Stärkekörner. Die in Tabelle 6 zusammengefaßten Ergebnisse geben die mittels der Sedimentationsanalyse festgestellten Gewichtsanteile der einzelnen Korngrößengruppen wieder. Im Trockenjahr 1959 mit seiner gehemmten Knollenentwicklung und Stärkeausbildung (WILLIGEN 1951) fiel der Unterschied zwischen den Prüfgliedern geringer aus als in den Versuchen des Jahres 1960, die die bessere Korngrößenzusammensetzung der vorgekeimt und früh gepflanzten Kartoffeln noch deutlicher aufzeigen.

Tabelle 6
Einfluß der Pflanzzeit und der Vorbehandlung des Pflanzgutes auf die Korngrößenstaffelung der Stärke
(Gewichtsanteile der Größenklassen)

Knollen-größe	Vorgekeimt und früh gepflanzt Stärkekorngröße				Nicht vorbehandelt spät gepflanzt Stärkekorngröße			
	< 20 µm	20–40 µm	40–60 µm	> 60 µm	< 20 µm	20–40 µm	40–60 µm	> 60 µm
1959 (Mittel von 3 Versuchen)								
3–5 cm	2,6	33,4	37,9	26,0	3,5	34,7	37,4	24,4
>6 cm	2,5	32,5	38,4	26,6	2,5	29,2	38,3	29,9
1960 (Mittel von 3 Versuchen)								
3–5 cm	1,4	32,8	39,5	26,3	4,7	39,4	29,5	26,4
> 6 cm	1,1	30,1	37,2	31,6	4,9	33,7	35,3	26,2

Bezüglich des Phosphorsäuregehaltes der Stärke stellten WEGNER und WINKLER (1959) in zwei Versuchen fest, daß bei höherem Ertrag die Stärke vorgekeimt gepflanzter Kartoffeln einen geringeren Phosphorsäurgehalt und damit auch eine geringere Viskosität aufwies. Die Ergebnisse der vorliegenden Untersuchungen (Tabelle 7) fallen günstiger aus, da kein nennenswerter Unterschied im Phosphorsäuregehalt der Stärke ermittelt wurde. Wie in den Knollen konnte 1959 und 1960 infolge der größeren Phosphorsäureaufnahme auch in der Stärke trotz der witterungsmäßig ungünstigen Voraussetzungen für die Phosphorsäureaufnahme und der damit verbundenen niedrigen Gehaltswerte der Phosphorsäurespiegel in der größeren Stärkemenge gehalten werden. Auch 1961 war im allgemeinen keine wesentliche Änderung der Gehaltswerte in den vorgekeimt gepflanzten Kartoffeln gegenüber den unbehandelt gelegten zu verzeichnen. In einigen Fällen, wie z. B. auch im Mittel aller Düngungsstufen des Versuches in Reckahn, stieg der Phosphorsäuregehalt in der Stärke sogar etwas an. In anderen blieb er etwas niedriger, wobei sich ähnliche Zusammenhänge zwischen der Phosphorsäureaufnahme, der Ertragsleistung und dem Phosphorsäuregehalt widerspiegeln, wie sie bei den Knollen dargestellt wurden. Diese Veränderungen des Phosphorsäuregehaltes waren aber so gering, daß sie gegenüber dem Einfluß des Standortes zurücktreten. Die Einflußnahme der Witterungs- und Standortbedingungen auf den Phosphorsäuregehalt zeichnet sich sowohl in den Knollen als auch in der Stärke gleichsinnig ab. Besonders die Trockenperiode von 1959 bis Juli 1960 macht sich an allen Versuchsorten in niedrigen Phosphorsäuregehalten bemerkbar. So wurden z. B. auch in anderen Untersuchungen an Sorten und an verschiedenen Düngungsvarianten 1959 und 1960 im allgemeinen nur sehr geringe Gehaltswerte ermittelt (GÖRLITZ und WILBERG 1961, GÖRLITZ 1962).

Die Viskositätsmessungen gibt die Tabelle 8 wieder. Die angegebenen Relativwerte sind jeweils auf das Mittel sämtlicher Werte eines Versuches bezogen. 1959 und 1960 ergaben sich keine gesicherten Unterschiede in der Viskosität. 1960 zeichnet sich in Reckahn ein positiver Einfluß ab. In allen Versuchen des letzten

Tabelle 7

Einfluß von Vorbehandlung und Pflanzzeit auf den Phosphorsäuregehalt der Kartoffelstärke (P_2O_5% in der Trockensubstanz)

	Vorgekeimt und früh gepflanzt Knollengröße		Nicht vorbehandelt spät gepflanzt Knollengröße	
	3—5 cm	> 6 cm	3—5 cm	> 6 cm
1959				
Grüna*	0,12	0,12	0,12	0,11
Kerkow	0,12	0,11	0,12	0,12
Herzberg	0,11	0,12	0,11	0,12
1960				
Grüna	0,12	0,12	0,12	0,12
Kerkow	0,11	0,12	0,12	0,12
Herzberg	0,12	0,12	0,12	0,12

	Vorgekeimt früh gepflanzt Knollengröße			Nicht vorbehandelt früh gepflanzt Knollengröße			Nicht vorbehandelt spät gepflanzt Knollengröße		
	<3cm	3—5 cm	>6cm	<3cm	3—5 cm	>6cm	<3cm	3—5 cm	>6cm
1961									
Wulkow	0,15	0,16	0,16	0,16	0,16	0,16	—	—	—
Reckahn	0,14	0,16	0,16	0,14	0,15	0,14			
				0,13	0,14	0,15	0,14	0,15	0,15
Kl. Schulzendorf	0,11	0,12	0,12	0,11	0,12	0,11			
				0,13	0,13	0,12	0,10	0,12	0,12

* Sorten: 1959 Grüna: „Mira", Kerkow: „Capella", Herzberg: „Johanna"
1960 in allen Versuchen „Mira"
1961 in allen Versuchen „Ora"

Tabelle 8

Einfluß von Vorbehandlung und Pflanzzeit auf die Viskosität der Kartoffelstärke (Relative Viskosität, bezogen auf das Mittel sämtlicher Werte eines Versuches)

	Vorgekeimt und früh gepflanzt Knollengröße		Nicht vorbehandelt spät gepflanzt Knollengröße	
	3—5 cm	> 6 cm	3—5 cm	> 6 cm
1959 (Mittel von 3 Versuchen)	101	102	100	97
1960 (Mittel von 3 Versuchen)	93	103	101	102

	Vorgekeimt früh gepflanzt Knollengröße			Nicht vorbehandelt früh gepflanzt Knollengröße		
	<3cm	3—5 cm	>6cm	<3cm	3—5 cm	>6cm
1960 (Mittel sämtlicher Düngungsstufen)						
Wulkow	72	115	109	86	108	110
Reckahn	90	107	112	83	100	107
Kl. Schulzendorf	98	104	103	89	101	104

Jahres fiel die Viskosität der aus den ganz kleinen Knollen gewonnenen Stärke gegenüber den mittleren und großen Knollen mehr oder weniger stark ab.

Das Amylose : Amylopektin-Verhältnis in der Stärke wurde durch die Vorbehandlung und Pflanzzeit nicht verändert, wie die Werte der Tabelle 9 zeigen.

Die gegenüber den anderen Jahren relativ hohen Amylosewerte des Jahres 1959 sind durch die Sorte „Johanna“ bedingt, deren Stärke einen relativ hohen Amylosegehalt enthält (GÖRLITZ und WILBERG 1961).

Tabelle 9

Einfluß von Vorbehandlung und Pflanzzeit auf das Amylose : Amylopektin-Verhältnis in der Kartoffelstärke

(Amylosegehalt in % der Trockensubstanz)

	Vorgekeimt und früh gepflanzt Knollengröße		Nicht vorbehandelt spät gepflanzt Knollengröße	
	3–5 cm	> 6 cm	3–5 cm	> 6 cm
1959 (Mittel von 3 Versuchen)	24,0*		24,1*	
1960 (Mittel von 3 Versuchen)	19,5	19,9	19,3	19,7

	Vorgekeimt früh gepflanzt Knollengröße			Nicht vorbehandelt früh gepflanzt Knollengröße			Nicht vorbehandelt spät gepflanzt Knollengröße		
	<3cm	3–5 cm	>6cm	<3cm	3–5 cm	>6cm	<3cm	3–5 cm	>6cm
1960 (Mittel sämtlicher Düngungsstufen)									
Wulkow	21,6	21,9	21,1	20,1	19,9	20,1	–	–	–
Reckahn	21,5	19,7	21,6	21,0	20,5	21,8	–	–	–
Kl. Schulzendorf	20,6	20,6	20,5	20,4	20,6	20,7	22,5	21,1	21,3

* Mischproben aus den Knollengrößen

Schlußfolgerungen

Die Versuche weisen erneut auf den bedeutenden Einfluß der Pflanzzeit für die Ertragsleistung mittelspäter und später Kartoffeln hin und unterstreichen die Notwendigkeit, einen möglichst frühen Pflanztermin zu nutzen. Die Vorbehandlung trägt zu einer weiteren Steigerung der Erträge bei, so daß gegenüber dem Pflanzen Anfang bis Mitte Mai mit den Kombinationen Keimstimmung bzw. Vorkeimen und frühe Pflanzzeit insgesamt ein Ertragsanstieg von 18 bzw. 22% erzielt wurde. Daher sollten auch die früh gepflanzten später reifenden Kartoffeln vorbehandelt werden, was zudem den Aufgang und die Reife begünstigt. Wegen seiner einfacheren Handhabung und der geringeren arbeitswirtschaftlichen Belastung kommt der breiten Anwendung der Keimstimmung ganz besondere Bedeutung zu.

Der Wirkungsgrad der Vorbehandlung nimmt mit später werdender Pflanzzeit bzw. bei vorzeitiger Ernte, also immer bei einer Verkürzung der Vegetationszeit, zu. Im Vergleich mit den unbehandelt früh gepflanzten Kartoffeln kann der durch die spätere Pflanzzeit bedingte Ertragsrückgang mit der Keimstimmung etwa zur Hälfte, mit dem Vorkeimen fast vollständig ausgeglichen werden. Die Vorbehandlung der nach Winterzwischenfrucht gepflanzten Kartoffeln ist somit eine Voraussetzung, um den unvermeidlichen Ertragsrückgang weitgehend auszugleichen und die Ertragsleistung bedeutend zu erhöhen. Die vorhandenen Möglichkeiten zum Vorkeimen müssen daher voll, d. h. doppelt genutzt werden, nämlich einmal für die Frühkartoffeln und die früher gepflanzten Partien und zum anderen danach für die nach Winterzwischenfrucht stehenden Kartoffeln.

Neben die Erhöhung des Ertrages tritt in Zusammenhang mit dem Einsatz der Vollerntemaschine noch der positive Einfluß der Vorbehandlung und Pflanzzeit auf eine frühere Abreife der Bestände. Die vollmechanisierte Ernte wird weiterhin durch den geringeren Anteil kleiner Knollen begünstigt (SCHICK 1960), wie er als Folge der frühen Pflanzzeit sowie der Vorbehandlung bei später Pflanzzeit zu erwarten ist. Auch der ungünstige Einfluß zu warmer Winterlagerung kann durch die Vorbehandlung weitgehend behoben werden (ULRICH 1960).

Eine Erhöhung des Stärkegehaltes läßt sich durch die Vorbehandlung und Pflanzzeit im allgemeinen nicht erreichen, wie auch die Versuche von SCHWARZ (1957) und ULRICH (1958 und 1960) zeigen. Bei extrem später Pflanzzeit kann jedoch der Stärkegehalt zurückgehen (ULRICH 1958). Der Stärkeertrag steigt bei gleichbleibendem Stärkegehalt parallel mit den Knollenerträgen bedeutend an.

Auch der Rohproteinertrag bzw. die Phosphorsäureaufnahme je Hektar steigen ohne nennenswerte Beeinflussung der Gehaltswerte an, so daß auch diese bezüglich die Nährstoffleistung verbessert wird. Der Futterwert bzw. die Verarbeitungseigenschaften bleiben dabei etwa gleich. Auf die möglichen Wechselbeziehungen zwischen Nährstoffaufnahme, Ertragsleistung und Rohprotein- bzw. Phosphorsäuregehalt wurde hingewiesen. Der Einfluß von Standort und Witterung ist wesentlich größer als die durch diese Wechselbeziehungen in einigen Fällen hervorgerufenen geringfügigen Änderungen der Gehaltswerte. Die höheren Rohproteinwerte in den kleinen Knollen weisen darauf hin, daß aussortierte Kartoffeln (Untergrößen) auch aus diesem Grunde zweckmäßiger als Futterkartoffeln und nicht als Fabrikkartoffeln eingesetzt werden; denn neben dem geringeren Stärkegehalt und kleineren Stärkekorngrößen erschwert die mit dem Rohproteingehalt in Zusammenhang stehende vermehrte Schaumbildung die Verarbeitung und Ausbeute, andererseits ist der höhere Eiweißgehalt für Futterzwecke günstig zu beurteilen.

Die größere mit den Ernteprodukten aufgenommene Nährstoffmenge läßt auch erkennen, daß die den Pflanzen zur Verfügung stehenden Nährstoffe bei früher Pflanzzeit und Vorbehandlung besser ausgenutzt werden.

Speziell für den Anbau von Fabrikkartoffeln zeigen die Untersuchungen auf, daß auch hier zur Erzielung maximaler Stärkeerträge frühe Pflanzzeit und Vorbehandlung angebracht sind. Als wesentliches Ergebnis für die Verarbeitung der Kartoffeln muß herausgestellt werden, daß infolge der besseren Korngrößenstaffelung die Stärkeausbeute erhöht wird. Mit einer wesentlichen Einflußnahme auf den für die Viskosität der Stärkekleister so bedeutsamen Phosphorsäuregehalt dürfte im allgemeinen nicht zu rechnen sein. Unterschiedliche Standort- und Witterungsbedingungen beeinflussen diesen viel stärker als die Pflanzzeit und die Vorbehandlung. Beide Faktoren hatten auch keine nennenswerte Änderung der Viskosität sowie des Amylose : Amylopektin-Verhältnisses in der Stärke zur Folge. Insgesamt gesehen werden die qualitativen Eigenschaften der in den Kartoffeln enthaltenen Stärke bezüglich der Korngrößenstaffelung günstig und bezüglich des Phosphorsäuregehaltes, der Viskosität sowie des Amylose : Amylopektin-Verhältnisses zumindest nicht ungünstig beeinflußt.

Zusammenfassung

Die vorliegenden Versuche unterstreichen den dominierenden Einfluß einer frühen Pflanzzeit auf die Ertragsleistung der mittelspäten und späten Kartoffeln. Durch Vorbehandlung (Vorkeimen oder Pflanzen in Keimstimmung) kann eine weitere Ertragssteigerung erzielt werden. Dabei wird der Wirkungsgrad der Vorbehandlung um so höher und um so sicherer, je später gepflanzt bzw. je früher geerntet wird. Auf die Folgerungen für den Kartoffelanbau nach Winterzwischenfrucht wird eingegangen.

Eine nennenswerte Änderung des Stärkegehaltes wird durch die Vorbehandlung und frühe Pflanzzeit im allgemeinen nicht bewirkt. Bei gleichbleibendem Stärkegehalt steigen aber die Stärkeerträge parallel mit den Knollenerträgen beträchtlich an, so daß beide Faktoren zu einer maximalen Ertragsleistung im Futter- und Fabrikkartoffelanbau beitragen.

Vorbehandlung und frühe Pflanzzeit haben je Flächeneinheit eine höhere Stickstoff- und Phosphorsäureaufnahme zur Folge, so daß trotz der höheren Erträge der Rohprotein- und Phosphorsäuregehalt der Knollen sowie der Phosphorsäuregehalt der Stärke nur wenig beeinflußt wird.

Aus der größeren mit den Ernteprodukten aufgenommenen Nährstoffmenge resultiert auch eine bessere Ausnutzung der den Pflanzen zur Verfügung stehenden Nährstoffe.

Die Zusammensetzung der Kartoffelstärke wird insofern positiv beeinflußt, als der Anteil der kleinen Stärkekörner zugunsten der größeren abnimmt, was zu einer höheren Ausbeute beiträgt. Auf weitere für die Stärkeindustrie bedeutsame Eigenschaften der Kartoffelstärke, wie P_2O_5-Gehalt, Viskosität, Amylose : Amylopektin-Verhältnis, üben im ganzen gesehen die Vorbehandlung des Pflanzgutes und die frühe Pflanzzeit keinen Einfluß aus.

Резюме

Описанные опыты подчеркивают решающее влияние раннего срока посадки на урожайность среднепоздних и поздних сортов картофеля. Путем предварительной обработки (предварительное проращивание или высадка в наклюнувшемся состоянии) можно добиться дальнейшего увеличения урожая. Предварительная обработка тем эффективнее и надежнее, чем позже высаживается и чем раньше убпрается картофель. Излагаются выводы для возделывания картофеля после озимых промежуточных культур.

Сколько-нибудьд значительного изменения содержания крахмала предварительной обработкой и ранним сроком посадки в общем не получается. При одинаковом содержании крахмала сборы кархмала, однако, повышаются значительно параллельно с урожаями клубней, так что оба фактора способствуют получению максимальных урожаев при возделывании кормового и технического картофеля.

Предварительная обработка и ранний срок посадки имеют в последствии большее поглащение азота и фосфорной кислоты, так, что несмотря на более высокие урожаи, содержание сырого протеина и фосфора в клубнях, а также содержание фосфора в крахмале мало изменяются.

Из большего количества питательных веществ, поглащенного продуктами урожая, вытекает и лучшее использование питательных веществ, находящихся в распоряжении растений.

На состав картофельного крахмала предварительная обработка оказывает положительное влияние, так как удельный вес мелких крахмальных зерен уменьшается в пользу больших, что содействует повышению выработки. На дальнейшие для крахмальной промышленности важные свойства картофельного крахмала, как на содержание P_2O_5, вязкость, отношение амилоза: амилопектин предварительная обработка посадочного материала и ранний срок посадки в общем не оказывают влияния.

Summary

The present tests stress the dominating influence of early planting time on the yield of the medium-late and late potatoes.

By pre-treatment (pre-germinating) the yield can also be increased. The effect of the pre-treatment is the higher and more sure the later the potatoes are planted, the earlier harvested resp. The consequences for potatoe cultivation after winter catch-crops is dealt with.

An essential change of the starch proportion is in general effected by pre-treatment and early planting time. Nevertheless steady starch proportion effects an increase of starch-yield parallel to the potatoe yield, so that both factors contribute to a maximum yield in potatoes.

Pre-treatment and early planting time effect a higher absorption of nitrogen and phosphoric acid, so that in spite of the higher yield the raw-protein and the phosphoric acid proportion of the potatoes as well as the phosphoric acid proportion of the starch is only little influenced.

From the nutritive amount absorbed with the harvest-yield results a better utilization of the nutritives available for the plants. The composition of the potatoe-starch is in so far positively influenced as the portion of the smaller starch-grains decreases in favour of the bigger ones; this contributes to a higher gain. On further properties of the potatoe starch such as P_2O_5-proportion viscosity, amylosis: amylopectin-proportion, which are important for the starch industrie, pre-treatment on the seed and the early planting time have altogether no influence.

Literaturverzeichnis

ANNUK, K.: O krachmale i ego fiziceskich i chemiceskich polasateljach po sortam kartofelja v Estonskoj SSR. Esti Pollumoj Akad. teaduslike tööde kogumik 1959, **12**, 80–89

BURGHAUSEN, R.: Vorbehandlung des Kartoffelpflanzgutes. Dt. Landwirtsch. 1962, **13**, 140–144

FISCHNICH, O.: Lagertemperatur und Keimstimmung von Kartoffelpflanzgut. Kartoffelbau 1956, **7**, 52–54

FISCHNICH, O.: In: K. BREMER: Wegweiser für Kartoffeln und Rüben. 1958, Hildesheim, 185 S., Landw. Verl. Th. Mann K.G.

GÖRLITZ, H., und E. WILBERG: Untersuchungen über Phosphorsäuregehalt und Viskosität der Stärke verschiedener Kartoffelsorten. Z. landwirtsch. Versuchs- u. Untersuchungswes. 1961, **7**, 121—130

GÖRLITZ, H., und E. WILBERG: Untersuchungen über den Amylosegehalt in der Stärke verschiedener Kartoffelsorten. Z. landwirtsch. Versuchs- u. Untersuchungswes. 1961, **7**, 392—398

GÖRLITZ, H.: Untersuchungen über den Einfluß der Düngung, der Sorte, des Standortes und anbautechnischer Maßnahmen auf die Eigenschaften der Kartoffelstärke. Forschungsbericht Plan Nr. 170134 h — 07/0, Febr. 1962 (nicht veröffentlicht)

KRUG, H.: Das photoperiodische Verhalten der Kartoffel (*Solanum tuberosum*). Angew. Bot. 1957, **31**, 29—44

KRUG, H.: Zum photoperiodischen Verhalten einiger Kartoffelsorten. Europ. Potato J. 1960, **3**, 47—79, 107—136

KUBICKI, K.: Vernalization of potatoes. Prace Zaktadu ziemniaka 1960, **1**, 87—117

MAURER, W.: Probleme der Auswahl optimaler Kartoffelsorten für die Stärkeindustrie. Stärke 1961, **13**, 257—265

ORTMANN, Chr.: Kritische Untersuchungen über die Wirkung verschieden vorbehandelten Kartoffelpflanzgutes auf Entwicklung und Ertrag. Z. landwirtsch. Versuchs- u. Untersuchungswes. 1957, **3**, 211—223

RUDORF, W.: Entwicklungsphysiologische Grundlagen. Aus: H. KAPFERT und W. RUDORF: Handbuch der Pflanzenzüchtung 1958, Bd. 3: Kartoffel, 2. Aufl., S. 59—71, Berlin u. Hamburg, Verl. P. Parey

SCHICK, R.: Aufgaben und Probleme der pflanzlichen Produktion bei der Erfüllung des Siebenjahrplanes. Dt. Landwirtsch. 1960, **11**, 212—216

SCHLEUSENER, W.: Einfluß von Pflanzzeit und Keimstimmung auf den Kartoffelertrag. Dt. Landwirtsch. 1952, **3**, 119—123

SCHLEUSENER, W.: Das Pflanzgut, der wichtigste Produktionsfaktor im Kartoffelbau. Dt. Landwirtsch. 1953, **4**, 116—119

SCHULZE, E.: Mechanische Keimanregung, Schosserbildung und photoperiodisches Verhalten bei Kartoffeln. Z. Acker- u. Pflanzenbau 1954, **98**, 414—422

SCHULZE, E.: Zusammenwirken von Tageslänge und Höhe der Stickstoffgabe bei Kulturkartoffeln. Z. Acker- u. Pflanzenbau 1958, **105**, 258—270

SCHWARZ, W.: Bericht über die Versuchsergebnisse zur Kartoffelpflanzgutbehandlung aus den Jahren 1954, 1955 und 1956. Z. landwirtsch. Versuchs- u. Untersuchungswes. 1957, **3**, 66—75

STELZNER, G., und M. TORKA: Tageslänge, Temperatur und andere Umweltfaktoren in ihrem Einfluß auf die Knollenbildung der Kartoffel. Züchter 1940, **12**, 233—235

ULMANN, M. und S. AUGUSTAT: Die quantitative Bestimmung des Gehaltes an Amylose in Stärke nach der „Blauwert"-Methode unter Verwendung des Universalcolorimeters von B. LANGE. Z. Analyt. Chemie 1958, **162**, 337—344

ULRICH, G.: Ertragssteigerung bei Kartoffeln auf schweren Böden durch Frühpflanzung und Vorbehandlung des Kartoffelpflanzgutes. Z. Acker- u. Pflanzenbau 1958, **104**, 145—168

ULRICH, G.: Der Einfluß der Lagerbedingungen auf die Kartoffelerträge. Dt. Landwirtsch. 1960, **11**, 62—63

ULRICH, G.: Vorkeimung des Kartoffelpflanzgutes. Dt. Landwirtsch. 1960, **11**, 120—123

VOIGT: Vorkeimen und Frühroden. Kartoffelbau 1959, **10**, 24—26

WEGNER, H., und S. WINKLER: Der Einfluß des Vorkeimens der Kartoffeln auf die Eigenschaften der Stärke. Stärke 1959, **11**, 277—279

WEGNER, H., und S. WINKLER: Viskositätsanforderungen und Viskositätsmessungen bei Kartoffelstärke. Stärke 1954, **6**, 187—194

WILLIGEN, A. H. A. de: Änderungen der Stärkequalität während des Wachstums der Kartoffelpflanze. Stärke 1951, **3**, 293—296

WINKLER, S.: Untersuchungen über den Einfluß von Keimung und Wachstum der Kartoffel sowie der mineralischen Düngung auf die Eigenschaften von Fruchtsaft und Stärke. Stärke 1960, **12**, 175—182

WINKLER, S.: Eigenschaften und Bedeutung der H-Stärken. Stärke 1961, **13**, 319—327

Aus dem Institut für Landwirtschaftliches Versuchs- und Untersuchungswesen Leipzig
der Deutschen Akademie der Landwirtschaftswissenschaften zu Berlin
(Direktor: Dr. H. PETER)

W. HEYMANN

Ein Beitrag zur Frage der Futterkornerzeugung im Sommergetreidebau über Reinsaaten von Hafer und Gerste oder deren Gemenge

Eingegangen: 11. 9. 1962

1. Problemstellung

Eine weitere Leistungssteigerung der Viehbestände, besonders der Rinder, erfordert nicht nur eine ausreichende Versorgung mit Grundfutterstoffen, die bei qualitativ hochwertiger Beschaffenheit einen möglichst großen Anteil des Nährstoffbedarfs der Tiere decken sollen, sondern sie macht auch in gewissem Umfange den Einsatz von Kraftfuttermitteln notwendig. Von ihnen muß verlangt werden, daß sie nicht nur nährstoffreich, sondern auch ballastarm und hochverdaulich sind. Unter den wirtschaftseigenen Futterstoffen entsprechen vor allem die Getreidearten weitgehend diesen Anforderungen.

Wenngleich ein beträchtlicher Anteil des Futtergetreidebedarfs über den Wintergetreideanbau — besonders über die ertragreiche Wintergerste — gedeckt wird, darf nicht übersehen werden, daß das Sommergetreide, schon aus Fruchtfolgegründen, auch in Zukunft Bedeutung behalten wird. Diese Tatsache spiegelt sich u. a. in der Entwicklung der Anbauflächen von 1938—1960 im Gebiet der Deutschen Demokratischen Republik wider [11]:

Tabelle 1
Veränderung der Getreideanbaufläche im Gebiet der DDR von 1938 bis 1960 nach Angaben des Statistischen Jahrbuches der DDR (11)

Getreideart	1938 % d. AF	1960 % d. AF
Getreide insgesamt	60,5	47,9
Gerste gesamt	8,7	8,0
davon Sommergerste	4,9	5,2
Hafer	13,9	7,4
Sommermenggetreide[1]	2,6	4,2

[1] einschließlich Buchweizen und Hirse.

Neben der starken Verringerung der gesamten Getreidefläche im allgemeinen und der Haferfläche im besonderen, die zugunsten ertragreicher Marktfrüchte und des intensiven Futterbaues erfolgte, fällt die geringe relative Zunahme der Sommergersten- und die stärkere Ausdehnung der Menggetreidefläche auf. Über eine ähnliche Entwicklung der Anbauflächen wird auch aus der Bundesrepublik berichtet [3].

Die Praxis hat es also in den letzten Jahren vielfach vorgezogen, an Stelle des häufig ertragsunsicheren Hafers Sommermenggetreide zur Erzeugung von Futtergetreide anzubauen. Auch in einigen neueren Veröffentlichungen finden sich Hinweise auf die höhere Ertragssicherheit der Gemenge, mindestens im Vergleich zu

Hafer, so u. a. von HERRMANN [3] und SCHNIEDER [10]. Außer für leichte Böden [5, 10] werden die Gemische besonders für Übergangslagen [3], klimatisch unsichere Gebiete [5] sowie für Höhenlagen und sauere Böden [6] empfohlen.

Aus diesen Gründen schien es gerechtfertigt, die Leistungsfähigkeit der Gemenge von Hafer und Sommergerste im Vergleich zu deren Reinsaaten unter den verschiedenen Standortbedingungen des sächsischen Anbaugebietes zu überprüfen, da aus Ergebnissen, die unter anderen Bedingungen gewonnen wurden, nicht ohne weiteres allgemeingültige Schlußfolgerungen gezogen werden können, worauf GERDES und PANNICKE [2] neuerdings mit Recht hinweisen. Darüber hinaus sollte ermittelt werden, welche Mischungsverhältnisse der beiden Sommerungen sich in der Praxis des Prüfgebietes am besten bewähren.

Auf die Einbeziehung weiterer Fragen, z. B. Leistungsfähigkeit des Sommerroggens und der verschiedenen Sommerroggengemische, wurde von vornherein verzichtet, da diese Getreideart in erster Linie Bedeutung für extrem leichte, grundwasserferne Sandböden besitzt, die aber in den sächsichen Bezirken eine geringere Verbreitung und Bedeutung aufweisen als z. B. in den Gebieten Brandenburgs.

2. Material und Arbeitsmethoden

In den Jahren 1959—1961 wurden in insgesamt 28 Feldversuchen die Ertragsleistungen von 3 verschiedenen Hafer-Gerste-Gemengen im Vergleich zu Hafer- und Gerstereinsaat unter Praxisbedingungen geprüft. Die Versuche waren nach ökologischen Gesichtspunkten über die typischen Anbaugebiete des sächsischen Raumes verteilt. Ihre Anlage erfolgte nach modernen versuchsmethodischen Grundsätzen, die Ergebnisse wurden varianzanalytisch ausgewertet.

Von den Ernteprodukten (Körner) wurden Trockensubstanz, teilweise Rohprotein, Gemengeanteile bei Gemischen und Tausendkornmassen bestimmt.

Die Prüfglieder des Versuches sind aus Tabelle 2 zu ersehen.

Die Mischungsanteile der Varianten 3 bis 5 sind Saatmengenanteile, die zunächst ohne Berücksichtigung von Tausendkornmasse und Keimfähigkeit der Reinsaaten in den angegebenen Verhältnissen hergestellt und in der entsprechenden, an den verschiedenen Versuchsorten bewährten Aussaatmenge ausgedrillt wurden. Die Saatmengen lagen, je nach Versuchsort, zwischen 150 und 200 kg/ha.

An Sorten kamen bei Gerste in allen drei Versuchsjahren „Saale“, bei Hafer 1959 „Universal“ und 1960—1961 „Flämingsweiß II“ zur Verwendung.

3. Kurzübersicht über den Witterungsverlauf in den Versuchsjahren[1]

Für die Beurteilung der Versuchsergebnisse interessiert hinsichtlich der wichtigen meteorologischen Komponenten Temperatur und Niederschlag nur der Witterungscharakter und -verlauf während der Vegetationsperiode des Sommergetreides, also vom April bis Juli. Infolge der Streuung der Versuche über den gesamten sächsischen Raum sind nur allgemeine Angaben und Hinweise möglich; auf die Wiedergabe von Einzelwerten für die verschiedenen Versuchsorte muß hier verzichtet werden.

[1] Der Leitung des Amtes für Meteorologie und Hydrologie in Dresden-Radebeul sei für die Bereitstellung der amtlichen Unterlagen mit den meteorologischen Meßwerten an dieser Stelle gedankt.

Das Jahr 1959 war im Mittel durch überdurchschnittliche Temperaturen und unter der langjährigen Norm liegende Niederschläge gekennzeichnet. Auf eine relativ warme März/April-Wetterlage mit rascher frühzeitiger Vegetationsentwicklung folgte ein wechselhafter, an den einzelnen Orten aber unterschiedlich niederschlagreicher Mai und ein extrem trocken-warmer Juni, dessen hohe Temperaturen und geringe Niederschläge bis weit in den Juli hinein anhielten.

Das Jahr 1960 brachte nach einem anfangs trockenen, aber relativ kühlen April mit leicht unterdurchschnittlichen Niederschlägen normale, feucht-kühle Maiwitterung und im Juni eine mehrfach zwischen zyklonalem und antizyklonalem Einfluß wechselnde Wetterlage mit an den einzelnen Versuchsorten unterdurchschnittlichen Niederschlägen. Der Juli zeichnete sich hauptsächlich durch kühle, unfreundliche Witterung mit häufigen Regenfällen aus, die bis in die zweite Augustdekade anhielten.

Der Witterungscharakter des Frühjahres 1961 war durch starke Abweichungen von den langjährigen Normalwerten gekennzeichnet. Auf einen extrem frühzeitigen Vegetationsbeginn, verursacht durch abnorm milde, aber feuchte Witterung im Februar/März und einen noch feucht-warmen April folgten ein anormal kalter, aber sehr nasser Mai (in Leipzig 264% des langjährigen Mittels) und ein ebenfalls feuchter, aber warmer Juni. Der Juli brachte kühles, teils regnerisches Wetter bei im ganzen unterdurchschnittlichen Regenmengen.

Eine Gesamteinschätzung des Witterungsverlaufes in den Vegetationsperioden der drei Versuchsjahre läßt die Feststellung zu, daß die Versuchsdurchführung unter teilweise erheblich voneinander abweichenden meteorologischen Bedingungen erfolgen mußte. Die extremsten Differenzen zum langjährigen Mittel zeigten sich 1959 und 1961, während das Jahr 1960 von April bis Juli die stärkste Annäherung an den meteorologischen Durchschnitt erkennen ließ.

4. Ertragsleistungen von Reinsaaten und Gemengen

In den folgenden Darstellungen soll ein Überblick über die Leistungsfähigkeit von Reinsaaten und Gemengen anhand der Ergebnisse von 28 exakten Feldversuchen im sächsischen Anbaugebiet (1959—1961) gegeben werden.

4.1 Kornerträge

Im Mittel sämtlicher Versuchsorte und -jahre läßt der Hafer eine leichte Ertragsüberlegenheit gegenüber der Gerste erkennen, während die Gemenge die gleiche mittlere Leistung zeigen wie der Hafer (Tab. 2). Diese Ergebnisse stimmen u. a. mit den von HERRMANN [3] und SCHNIEDER [10] gefundenen überein, während z. B. KÖNNECKE [5] und MÜLLER [6] unter den von ihnen geprüften Bedingungen eine Ertragsüberlegenheit der Sommergerste- im Vergleich zur Haferreinsaat feststellten, jedoch hinsichtlich der Leistung der Gemenge eine ähnliche Angleichung an die jeweils leistungsstärkere Reinsaat bei einer teilweise sogar absoluten Ertragsüberlegenheit ermitteln konnten.

Betrachtet man jedoch die Ergebnisse der einzelnen Jahre für sich, so fällt auf, daß die Varianten — augenscheinlich in Abhängigkeit von den Witterungseinflüssen — keinesfalls einheitlich reagiert haben. Während 1960 und 1961 die Haferreinsaat derjenigen der Gerste gesichert überlegen war, liegen die Verhältnisse im Trocken-

Tabelle 2
Korn-Erträge von Hafer, Gerste und deren Gemengen in den Jahren 1959–1961 im sächsischen Anbaugebiet

Prüfglieder	1959 (11 Versuche)		1960 (12 Versuche)		1961 (5 Versuche)		Mittel 1959–1961 (28 Versuche)	
	dt/ha	rel.	dt/ha	rel.	dt/ha	rel.	dt/ha	rel.
1. Hafer rein	26,7	100	42,4	100	41,6	100	36,1	100
2. Gerste rein	30,5	114	38,7	91	34,3	82	34,7	96
3. 50% Hafer/50% Gerste	29,6	111	41,5	98	37,8	91	36,1	100
4. 75% Hafer/25% Gerste	28,4	106	41,7	98	40,3	97	36,2	100
5. 25% Hafer/75% Gerste	30,6	115	41,4	98	36,6	88	36,3	101
GD 5%	2,1	7,9	2,7	6,4	3,6	8,7	–	–

jahr 1959 genau umgekehrt. Außerdem zeigt sich in allen drei Versuchsjahren, daß die Gemenge mit gleichen Saatanteilen an Hafer und Gerste (Variante 3) und diejenigen mit dem höheren Saatanteil der jeweils ertragstärkeren Reinsaat der leistungsschwächeren Reinsaat gesichert überlegen waren. Zwischen den Gemengen mit extremen Mischungsanteilen (Variante 4 und 5) treten in den beiden Jahren mit stark abweichendem Witterungscharakter (1959 und 1961) entgegengesetzt gerichtete signifikante Ertragsunterschiede auf, während sich im „Normaljahr" 1960 alle drei Gemische völlig gleich verhalten.

Da offensichtlich die Witterungseinflüsse, hauptsächlich aber die Niederschläge, nicht nur auf die absolute Höhe des Ertragsniveaus, sondern auch auf die Ertragsrelation zwischen den Reinsaaten und Gemengen nicht unerheblich einwirken, soll ihr Einfluß etwas näher untersucht werden.

4.1.1 Einfluß der Niederschläge

Obwohl für alle Kulturpflanzen neben der Versorgung mit Nährstoffen der Wachstumsfaktor Wasser für die Ertragsbildung eine entscheidende Rolle spielt, unterscheiden sich einzelne Arten und sogar Sorten hinsichtlich der optimalen Höhe des Feuchtigkeitsbedarfs beträchtlich. Da innerhalb größerer Anbaugebiete durch das Zusammenwirken wechselnder bodenkundlich-standörtlicher und klimatischer Gegebenheiten hinsichtlich Höhe und Kontinuität der Wasserversorgung erhebliche Abweichungen auftreten können, sind Kenntnisse über eine in dieser Beziehung unterschiedliche Reaktion der landwirtschaftlichen Kulturarten im Sinne einer standortgerechten Anbauplanung und rationellen Nutzung der Ackerflächen von Bedeutung.

Von den Sommergetreidearten unterscheiden sich Hafer und Gerste wohl am deutlichsten in ihren Ansprüchen an die Wasserversorgung. Nach ROEMER [8] liegt der Transpirationskoeffizient des Hafers um 25% höher als der der Gerste. ZILLMANN, der in einer neueren Arbeit neben den meteorologischen Einflüssen auch den Faktor Bodenfeuchtigkeit mit in seine Untersuchungen über das Transpirationsverhalten von drei Kulturpflanzenarten (Hafer, Sommergerste, Sommerraps) einbezog, kam zu dem Ergebnis, daß „... Hafer nicht nur höhere Ansprüche an die Bodenfeuchtigkeit ..." stellt, sondern „... auch eine höhere Transpirationsintensität als die Sommergerste ..." erreicht. Er schreibt weiter: „Diese beiden Eigenschaften sind als ausschlaggebendes Moment für seinen gegenüber den anderen Getreidearten höheren Wasserkonsum anzusehen" (12, S. 269/270).

BAUMANN, der den Witterungsablauf einiger „Rekorderntejahre" bei Getreide auf Übereinstimmungen untersuchte, stellt bei der Darlegung der Einzelansprüche der Getreidearten fest, daß Hafer nach dem Schossen dürreempfindlich sei und einen hohen Niederschlagsbedarf besonders z. Z. des Ähren- bzw. Rispenschiebens habe, während er die Wasseransprüche der Sommergerste als „bescheiden" bezeichnet [1]. Für die Erträge des Hafers hält BAUMANN die Wasserversorgung im Juni für entscheidend. Zu ähnlichen Ergebnissen kommt auch KLITSCH [4] hinsichtlich der „getreideentscheidenden Perioden" für die Ertragsbildung des Sommergetreides.

Neben der allgemeinen Abhängigkeit der absoluten Ertragshöhe von der Höhe und Verteilung der Niederschläge während der Vegetationszeit bedingen aber die Unterschiede in den Wasseransprüchen zwischen Hafer und Gerste auch ein unterschiedliches Ertragsverhalten dieser beiden Getreidearten und ihrer Gemenge bei abweichender Feuchtigkeitsversorgung. Da die Witterungsverhältnisse während der Vegetationsperioden in den drei Versuchsjahren 1959 bis 1961 — vor allem hinsichtlich der Niederschläge — recht unterschiedlich waren, konnte das Material aus 28 Versuchen nach diesen Gesichtspunkten gruppiert werden. Dabei zeigte sich, daß — in Übereinstimmung mit der von BAUMANN [1] für den Hafer geäußerten Meinung — die Niederschläge im Monat Juni für die Ertragsbildung der beiden Sommergetreidearten entscheidend sind. Darüber hinaus ergab sich aber die interessante Feststellung, daß neben der absoluten Leistungshöhe vor allem auch die Ertragsrelation zwischen Hafer und Gerste deutlich niederschlagabhängig ist, wie aus Tabelle 3 hervorgeht. Trockenheit im Juni (unter 40 mm NS) führt — bei allgemein niedrigem Ertragsniveau — häufig zum Versagen des Hafers, während die Gerste diese Bedingungen besser verträgt und demzufolge auch höhere Leistungen bringt. Die Mehrerträge der Gerste von 11% im Mittel von 12 Versuchen waren signifikant, ebenso die des Gemenges mit höherem Gerstenanteil.

Stärkere Regenmengen (über 40 mm NS) führen dagegen zu einer Umkehrung des Ertragsverhältnisses; bei allgemein höherem Ertragsniveau brachte die Gerste im Mittel unserer Versuche gegenüber dem Hafer signifikante Mindererträge von 11 bzw. 13%. Bemerkenswert ist aber, daß die Minderleistungen der Gemenge (auch derjenigen mit hohem Gerstenanteil) wesentlich niedriger und innerhalb der Fehlergrenze liegen.

Aus der Aufstellung in Tabelle 3 geht hervor, daß eine günstige Wasserversorgung im Monat Juni schon im Bereich von 40 bis 60 mm NS erreicht zu sein scheint. Regenmengen über 60 mm bewirkten keine wesentlichen Ertragsverschiebungen zwischen den geprüften Varianten mehr. Für die übrigen Vegetationsmonate konnten an unserem Versuchsmaterial keine Zusammenhänge zwischen Niederschlägen und Ertragshöhe bzw. -relation ermittelt werden.

Die bei der Zusammenfassung der Versuchsergebnisse insgesamt ermittelte Abhängigkeit der Ertragsbewegung von den Juniniederschlägen gilt, wie sich bei Betrachtung der Einzelversuche zeigt, nicht absolut für jeden Standort, da ja außer den Niederschlägen noch andere Faktoren einwirken, welche die Ertragsbildung beeinflussen.

Tabelle 3

Einfluß der Juni-Niederschläge auf die Kornertragshöhe und -ertragsrelation von Hafer, Gerste und deren Gemengen

Prüfglieder	Höhe der Niederschläge					
	< 40 mm (12 Versuche)		40–60 mm (7 Versuche)		>60 mm (9 Versuche)	
	dt/ha	rel.	dt/ha	rel.	dt/ha	rel.
1. Hafer rein	30,5	100	40,6	100	40,0	100
2. Gerste rein	33,8	111	36,1	89	34,8	87
3. 50% Hafer/50% Gerste	32,5	107	39,0	96	38,8	97
4. 75% Hafer/25% Gerste	31,8	104	38,7	95	40,3	101
5. 25% Hafer/75% Gerste	33,5	110	39,7	98	37,5	94
GD 5%	2,3	7,5	4,0	9,9	2,5	6,3

Als Ergänzung zur summarisch dargestellten Abhängigkeit der Ertragsrelation von Hafer, Gerste und deren Gemengen von den Niederschlägen im Juni (Tab. 3) seien deshalb die Einzelergebnisse einiger Standorte mitgeteilt, auf denen die Versuche zwei- bzw. dreijährig durchgeführt werden konnten (s. Tab. 4).

Zur besseren Verdeutlichung der Ertragsbewegung der Varianten wurde bei dieser Darstellung nicht der Haferertrag als Bezugsgröße gewählt und damit seine relative Leistung von vornherein konstant gehalten, sondern auf das jeweilige Versuchsmittel bezogen. Hier zeigt sich, daß sich die Relativverträge von Hafer und Gerste, abhängig von den Juniniederschlägen, an den meisten Versuchsorten spiegelbildlich verhalten. Gleichzeitig läßt diese Übersicht das wesentlich ausgeglichenere Verhalten der Gemenge erkennen, die auf diese Einflüsse weniger stark reagieren und eine Mittelstellung einnehmen.

Für die Mehrzahl der Fälle kann daraus die Schlußfolgerung abgeleitet werden, daß die Verwendung von Hafer-Gerste-Gemengen zur Futtergetreide-Erzeugung eine geeignete Maßnahme sein kann, den von vornherein nicht berechenbaren Ertragsschwankungen durch Witterungseinflüsse in gewissen Grenzen zu begegnen. Es hat sich aber bei unseren Versuchen gezeigt, daß es Standorte gibt, die ausgesprochene Hafer- oder auch Gerstenlagen sind. In diesen Lagen bringt die jeweilige Reinsaat in weitgehender Unabhängigkeit von Witterungsschwankungen stets mehr oder weniger höhere Erträge als die andere Reinsaat oder die Gemenge. Zur Abgrenzung solcher Gebiete wären, unter Verwertung der Erfahrungen der Praxis, weitere Prüfungen erforderlich, um Unterlagen für eine Verschiebung des Ackerflächenverhältnisses zugunsten der an jedem Standort leistungsstärksten Früchte zu schaffen.

4.1.2 Einfluß von Boden und Höhenlage

Aus pflanzenbaulichen und pflanzensoziologischen Erkenntnissen heraus ist es einleuchtend, daß bei der Frage der Zweckmäßigkeit des Anbaues von Getreidegemengen hauptsächlich auf leichtere Böden und ungünstige Lagen (Übergangs- und Höhenlagen) verwiesen wird. KÖNNECKE [5] kommt auf Grund von Versuchen im Gebiet von Halle und im Harzland zu dem Schluß, daß auf besseren Böden die Reinsaaten fast stets überlegen seien. Auf andere Literatur wurde bereits auf Seite 76 hingewiesen.

Tabelle 4

Relativerträge von Hafer, Gerste und deren Gemengen an einigen Versuchsorten im Vergleich zum jeweiligen Versuchsmittel

Versuchsort	Kreis	Versuchsjahr	Versuchsmittel (= 100)	Relativerträge					Niederschläge mm im Juni	
				Hafer rein	Gerste rein	H. : G. 50 50	H. : G. 75 25	H. : G. 25 75	Versuchsjahr	Langjähriges Mittel
1. Forchheim	Marienberg	1959	31,8	83	111	106	97	103	39	95
		1960	31,2	101	95	103	98	103	73	
		1961	40,3	106	95	101	106	91	132	
2. Weischlitz	Plauen	1959	41,3	88	107	101	98	106	32	77
		1960	43,6	107	100	96	95	102	43	
3. Bad Elster	Oelsnitz/V.	1959	28,8	97	97	106	95	105	42	91
		1960	41,5	102	83	102	113	100	67	
4. Cunnersdorf	Löbau	1959	30,7	89	102	104	98	107	30	81
		1960	44,6	100	94	103	102	100	58	
5. Oppitz	Bautzen	1960	38,8	102	94	98	100	106	57	66
		1961	34,3	115	68	105	113	98	74	
6. Zschopau	Zschopau	1959	30,0	92	114	93	101	101	20	90
		1960	31,9	96	99	105	102	98	70	
7. Lossen	Altenburg	1959	27,2	67	128	102	85	119	31	61
		1960	42,7	95	108	95	100	103	38	
8. Methau	Rochlitz	1959	35,6	108	91	99	101	100	16	72
		1960	37,6	127	70	99	107	97	42	

Obwohl man sich im Prinzip diesen Meinungen anschließen kann, sei hier nur vermerkt, daß die Ermittlung des wirklichen Einflusses von Bodenqualitätsabstufungen auf den Ertrag ganz allgemein mit Schwierigkeiten verbunden ist, wenn diese Fragestellung nicht von vornherein versuchsmethodisch entsprechend berücksichtigt wird. Bei Versuchen, die an verschiedenen Orten über mehrere Jahre laufen, werden die Bodenwirkungen häufig durch die unterschiedlichen Witterungseinflüsse überdeckt.

Um dieser Gefahr bei der Auswertung des vorliegenden Materials nach den genannten Gesichtspunkten zu entgehen, machte es sich erforderlich, die Versuche des Trockenjahres 1959 und die der feuchteren Jahre 1960 und 1961 für sich zu betrachten, wie es in Tabelle 5 geschehen ist. Damit konnten nicht nur Standorte mit ähnlicher Bodengüte, sondern gleichzeitig auch solche mit etwa gleichen Niederschlagsverhältnissen im Hauptwachstumsmonat Juni zusammengefaßt werden.

Wenn auch die Unterschiede auf Grund der teilweise zu geringen Anzahl von Einzelwerten in den Gruppierungen nicht immer statistisch gesichert sind, so gestattet die relativ gute Übereinstimmung der Ergebnisrichtung doch einige Aussagen. Der Zusammenstellung in Tabelle 5 ist zu entnehmen, daß unter trockenen Bedingungen auf leichten Böden die Gemenge zum Teil günstiger abschneiden als die Reinsaaten; hier zeigte das Gemisch aus gleichen Saatanteilen von Hafer und Gerste die beste Leistung. Auf den mittleren und besseren Böden bringen bei Junitrockenheit dagegen die Gerstenreinsaat und das Gemisch mit 75%igem Gerstenanteil die höchsten Erträge, während Haferreinsaat und Gemische mit hohem Haferanteil in ihren Leistungen abfallen.

Tabelle 5

Relativerträge von Hafer, Gerste und deren Gemengen, gruppiert nach Bodenwertzahlen

Varianten Ertragsgruppen	Anzahl der Versuche	1 Hafer rein	2 Gerste rein	3 H. : G. 50 : 50	4 H. : G. 75 : 25	5 H. : G. 25 : 75	GD 5% rel.	Durchschnittliche Niederschläge mm Juni
		dt/ha = 100						
I. 1959								
1. Böden mit BZ bis 30	2	22,9	101	109	98	104	11,1	33
2. Böden mit BZ 31–50	6	27,4	114	109	108	115	6,8	27
3. Böden mit BZ >50	3	27,8	123	116	108	121	30,6	29
II. 1960 und 1961								
1. Böden mit BZ bis 30	3	41,3	82	97	100	96	14,5	63
2. Böden mit BZ 31–50	5	37,8	98	98	100	100	10,8	68
3. Böden mit BZ >50	9	44,8	87	94	97	92	6,8	73

Ein etwas anderes Bild ergibt sich, wenn mit einer ausreichenden Wasserversorgung in der Hauptwachstumszeit gerechnet werden kann. Während nur auf den mittleren Böden im Durchschnitt Ertragsgleichheit aller Varianten auftrat, zeigte sich in den anderen Fällen die Haferreinsaat mindestens der Gerste, teilweise auch den Gemengen, überlegen. Unter feuchteren Standortbedingungen bewähren sich deshalb die Gemische mit höheren Haferanteilen besser als solche, in denen die Gerste dominiert.

Betrachtet man den Einfluß der Höhenlage nach ähnlichen Gesichtspunkten, so ist — in annähernder Übereinstimmung mit den für die Gruppierung nach Bodengüte gefundenen Abstufungen — zu erkennen, daß auch hier die Niederschlagsmenge beherrschend und überdeckend wirkt. Aus der Übersicht in Tabelle 6 geht hervor, daß sich an unserem Material eine eindeutige Auswirkung der Höhenlage auf das Ertragsverhältnis von Hafer, Gerste und Gemengen nicht nachweisen läßt; primär entscheidend scheint auch hier die während der Hauptwachstumszeit verfügbare Feuchtigkeit (Juni-Niederschläge!) zu sein.

Tabelle 6

Relativerträge von Hafer, Gerste und deren Gemengen, gruppiert nach Höhenlage der Versuchsorte

Varianten Ertragsgruppen	Anzahl der Versuche	Hafer rein	Gerste rein	H. : G. 50 : 50	H. : G. 75 : 25	H. : G. 25 : 75	GD 5% rel.	Durchschnittliche Niederschläge mm
		dt/ha = 100						
				I. 1959				
1. bis 200 m ü. NN	3	23,0	107	105	103	108	9,2	25
2. 200—400 m ü. NN	4	26,6	112	112	106	118	21,9	27
3. über 400 m ü. NN	4	29,2	124	114	111	117	7,5	33
				II. 1960 und 1961				
1. bis 200 m ü. NN	4	43,2	89	96	95	94	15,4	54
2. 200—400 m ü. NN	7	44,9	86	95	98	94	8,3	68
3. über 400 m ü. NN	6	38,3	92	97	99	96	7,3	82

4.2 Saat- und Ertragsanteile der Gemenge

Um den Verhältnissen der Praxis möglichst nahe zu kommen, wurden in unseren Versuchen die Gemenge zunächst rein nach Saatmasseanteilen in den angegebenen Verhältnissen zusammengesetzt, ohne die Tausendkornmassen (TKM) und Keimfähigkeiten (KF) der Partner zu berücksichtigen. Da aber bekanntlich die TKM von Hafer und Gerste im großen Durchschnitt um etwa 10 g voneinander abweichen (Hafer durchschnittlich 35 g, Gerste durchschnittlich 45 g), enthält ein Gemisch aus gleichen Saatmasseanteilen von Hafer und Gerste in Wirklichkeit einen höheren Haferanteil.

Die in unseren Versuchen ermittelten TKM- und KF-Werte des Saat- und Erntegutes erlauben jedoch nachträglich einen Überblick über die dadurch bedingten Veränderungen. Aus der Übersicht in Tabelle 7 geht zunächst hervor, daß die relativen Anteilverschiebungen bei Umrechnung auf keimfähige Kornzahlen („korrigierte Saatanteile") verhältnismäßig gering sind und nur zwischen 4 und 7% von den Masseanteilen abweichen. Für die Praxis kann deshalb bei der Zusammenstellung von derartigen Gemengen aus Partnern mit nicht wesentlich stärkeren Abweichungen der TKM als zwischen Hafer und Gerste der einfache Saatmasseanteil ohne Berücksichtigung der TKM als brauchbare Grundlage angesehen werden.

Da in unseren Versuchen stets auch die Anteile an Korn-Erntemasse sowie die TKM der Gemenge bestimmt wurden, lassen sich die in den drei Versuchsjahren im Mittel eingetretenen Veränderungen zwischen Saat- und Ernteanteilen der Gemengepartner erfassen. Aus Tabelle 7 kann entnommen werden, daß die mittleren relativen Verschiebungen der auf gleiche Kornanteile umgerechneten Saat- und Erntemassen in den drei Jahren und Gemengevarianten zwischen $\pm$ 1 und $\pm$ 12% schwankten. Übereinstimmend konnte aber in fast allen Fällen bei dem im Übergewicht befindlichen Partner (Var. 3 und 4 Hafer, Var. 5 Gerste) eine mehr oder weniger ausgeprägte Anteilverringerung beobachtet werden. Nach diesen Ergebnissen scheint sich die untergeordnete Getreideart relativ stärker durchzusetzen als ihr Partner.

Noch deutlicher werden die Zusammenhänge, wenn man statt der auf gleiche Kornzahlen umgerechneten Ertragsanteile der Gemenge ihre absoluten Erntemassenanteile in dt/ha zugrunde legt.

Tabelle 7

Einfluß und Veränderung der TKM sowie Ernteanteile bei Sommermenggetreide

Faktor	Var. 1	Var. 2	Var. 3		Var. 4		Var. 5	
Fruchtart	Hafer	Gerste	Hafer	Gerste	Hafer	Gerste	Hafer	Gerste
Saatanteil	100%	100%	50%	50%	75%	25%	25%	75%
1959: (Mittel von 11 Versuchen)								
1. TKM des Saatgutes	34,6	42,3	34,6	42,3	34,6	42,3	34,6	42,3
2. KF des Saatgutes	95	88	95	88	95	88	95	88
3. korrigierte Saatanteile (% keimfähige Körner)	100	100	57	43	80	20	31	69
4. Ernteanteile in %	100	100	45	55	67	33	29	71
5. TKM des Erntegutes	—	—	30,0	41,6	30,4	41,5	30,3	41,1
6. korrigierte Ernteanteile (Kornanteile in %)	100	100	53	47	73	27	36	64
1960: (Mittel von 12 Versuchen)								
1. TKM des Saatgutes	32,3	43,4	32,3	43,4	32,3	43,4	32,3	43,4
2. KF des Saatgutes	95	99	95	99	95	99	95	99
3. korrigierte Saatanteile (% keimförmige Körner)	100	100	56	44	79	21	30	70
4. Ernteanteile in %	100	100	47	53	76	24	32	68
5. TKM des Erntegutes	35,4[1]	49,6[1]	36,8	47,7	36,2	46,6	36,6	46,9
6. korrigierte Ernteanteile (Kornanteile in %)	100	100	53	47	80	20	38	62
1961: (Mittel von 5 Versuchen)								
1. TKM des Saatgutes	38,6	50,2	38,6	50,2	38,6	50,2	38,6	50,2
2. KF des Saatgutes	98	99	98	99	98	99	98	99
3. korrigierte Saatanteile (% keimfähige Körner)	100	100	56	44	79	21	30	70
4. Ernteanteile in %	100	100	43	57	70	30	32	68
5. TKM des Erntegutes	39,4	41,3	39,0	41,0	39,5	41,6	39,6	41,0
6. korrigierte Ernteanteile (Kornanteile in %)	100	100	44	56	71	29	33	67

[1] Mittel von 5 Versuchen.

Tabelle 8

Anteilerträge von Hafer und Gerste in den Gemengen im Vergleich zu den Erwartungswerten (Mittelwerte aus den Versuchsjahren 1959—1961)

Jahr	Anteile	Hafer Var. 3 H : G 50 : 50	Hafer Var. 4 H : G 75 : 25	Hafer Var. 5 H : G 25 : 75	Gerste Var. 3 H : G 50 : 50	Gerste Var. 4 H : G 75 : 25	Gerste Var. 5 H : G 25 : 75
1959	korrigierter Saatanteil %	57	80	31	43	20	69
	tatsächlicher Ernteanteil %	45	67	29	55	33	71
	erwarteter Ertragsanteil dt/ha	15,22	21,36	8,28	13,12	6,10	21,05
	tatsächlicher Ertragsanteil dt/ha	13,32	19,03	8,87	16,28	9,37	21,73
	% gegenüber erwartet	88	89	107	124	154	103
1960	korrigierter Saatanteil %	56	79	30	44	21	70
	tatsächlicher Ernteanteil %	47	76	32	53	24	68
	erwarteter Ertragsanteil dt/ha	23,74	33,50	12,72	17,03	8,13	27,09
	tatsächlicher Ertragsanteil dt/ha	19,50	31,69	13,25	22,00	10,01	28,15
	% gegenüber erwartet	82	95	104	129	123	104
1961	korrigierter Saatanteil %	56	79	30	44	21	70
	tatsächlicher Ernteanteil %	43	70	32	57	30	68
	erwarteter Ertragsanteil dt/ha	23,30	32,86	12,48	15,09	7,20	24,01
	tatsächlicher Ertragsanteil dt/ha	16,25	28,21	11,71	21,55	12,09	24,89
	% gegenüber erwartet	70	86	94	143	168	104

Zu diesem Zwecke wurden aus dem Versuchsmaterial die nach dem Saatanteil (% an keimfähigen Körnern) und den ermittelten Erträgen der Reinsaaten zu erwartenden Anteilerträge der Gemengesaaten berechnet und in Tabelle 8 den tatsächlich gefundenen Werten gegenübergestellt. Dabei zeigt sich, daß im Mittel aller drei Versuchsjahre in allen Gemengen der Gerstenanteil eine mehr oder weniger starke Zunahme aufweist, während der Haferanteil eine rückläufige Tendenz erkennen läßt. Die Erhöhung des Ernteanteiles ist wiederum relativ am größten in dem Gemisch, das den niedrigsten Saatanteil der Gerste aufweist (Var. 4); sinngemäß gilt das gleiche in abgeschwächter Form auch für den Hafer (Var. 5).

Der landwirtschaftlichen Praxis ist aus diesen Gründen zu empfehlen, Saatmenggetreide in den gewünschten Anteilen jährlich neu aus Reinsaaten herzustellen, um den häufig eintretenden Anteilverschiebungen — meist zugunsten der Gerste — zu entgehen.

4.3 Stroherträge

Da Sommergetreidestroh für viele Betriebe als Futterstroh wertvoll ist, interessiert auch die Strohertragsleistung der geprüften Varianten. In weitgehender Übereinstimmung mit den Erfahrungen der Praxis und anderen Versuchsergebnissen konnte in unseren Prüfungen die absolute Überlegenheit des Hafers im Strohertrag gegenüber der Gerste und den Gemengen bestätigt werden. Aus Tabelle 9 geht hervor, daß selbst unter den für Hafer ungünstigen Witterungsbedingungen des Jahres 1959 (Juni-Trockenheit) trotz geringerer Kornerträge immer noch erheblich mehr (22%) an Stroh geerntet wurde als von der Gerste (vgl. dazu Tab. 2, Kornerträge!). Die

Tabelle 9

Stroherträge von Hafer, Gerste und deren Gemengen 1959–1961

Varianten	1959		1960		1961		1959–1961	
	dt/ha	rel.	dt/ha	rel.	dt/ha	rel.	dt/ha	rel.
1. Hafer rein	54,0	100	73,6	100	63,4	100	63,7	100
2. Gerste rein	42,0	78	53,2	72	56,0	88	50,4	79
3. 50% Hafer, 50% Gerste	47,8	89	68,2	93	54,3	86	56,8	89
4. 75% Hafer, 25% Gerste	52,9	98	70,0	95	60,8	96	61,2	96
5. 25% Hafer, 75% Gerste	44,5	82	62,4	85	53,9	85	53,6	84
GD 5%	4,1	7,6	3,9	5,3	10,2	16,1	–	–

Gemenge nehmen – entsprechend ihres Haferanteiles – eine Mittelstellung ein, wobei das Gemisch mit 75% Hafer den Ertrag der Haferreinsaat fast erreicht. Je höher der Gerstenanteil im Gemenge ansteigt, desto weiter fällt der Strohertrag im allgemeinen ab und umgekehrt.

4.4 Stärkewert- und Proteinerträge

Zur Beurteilung der Leistungsfähigkeit von Pflanzen, die zu Futterzwecken angebaut werden, interessiert neben ihrer Rohertragsfähigkeit vor allem auch ihr Gehalt und Ertrag an vom Tierkörper energetisch verwertbaren Inhaltsstoffen. Es erschien deshalb sinnvoll, den dafür allgemein gebräuchlichen Maßstab der praktischen Futtermittelbewertung, den Kellnerschen Stärkewert, neben der Proteinleistung zur abschließenden Beurteilung der erzielten Ergebnisse mit heranzuziehen. Da bekannt ist, daß Hafer – bei etwas besserem Eiweißgehalt – durch seine höheren Anteile an schwerverdaulichen Stoffen (Spelzen!) einen geringeren Gehalt an Stärkeeinheiten aufweist als Gerste, waren in dieser Hinsicht Leistungsverschiebungen zu erwarten. Deshalb erfolgte, unter Zugrundelegung der in Tabelle 10 wiedergegebenen Gehaltswerte nach NEHRING [7], eine Berechnung der Stärkewert-Erträge unserer Versuchsvarianten in den drei Versuchsjahren. Bei den Gemengen dienten die jeweils ermittelten Erntemassenanteile an Hafer und Gerste als Berechnungsgrundlage.

Tabelle 10

Gehalt an Stärkewert, Rohprotein und verdaulichem Rohprotein in den Körnern von Hafer und Gerste (nach NEHRING, 7)

Art	Stärkewert %	Rohprotein %	Verdauliches Rohprotein %
1. Hafer	63,6	10,7	8,1
2. Sommergerste	73,5	9,7	7,3

Betrachtet man von den in Tabelle 11 zusammengefaßten Ergebnissen die Stärkewert-Erträge der Körner, so zeigt sich, daß die Gerste – entsprechend ihrer besseren Gehaltswerte – auch bei mäßiger Rohertragsunterlegenheit noch dominiert (1960). Zu einer ähnlichen Feststellung kam auch SCHNIEDER [10] an seinem Material auf leichtem Boden. Erst bei relativ starker Überlegenheit des Hafererträges (1961) spiegelt sich diese Tendenz auch in den Stärkewert-Erträgen wider. Rein rechnerisch tritt ja erst bei einem Hafermehrertrag (Korn) von 15—16% Ertragsgleichheit an Stärkewerten zwischen Hafer und Gerste ein.

Interessant ist aber auch hier wieder, daß sämtliche Gemenge leistungsstärker sind als die schlechteste Reinsaat und in ihrem Ertragsverhalten stets nach der besseren Reinsaat tendieren; in einigen Fällen übertreffen sie diese sogar und stehen an der Spitze.

Tabelle 11

Stärkewert- und Rohproteinerträge der Körner in den Versuchen mit Hafer-Gerste-Gemengen 1959—1961

Frucht	Haferanteil in Masse-%	Stärkewerte		Rohprotein[1]	
		dt/ha	rel.	dt/ha	rel.
1959					
1. Hafer	100	16,98	100	2,86	100
2. Gerste	—	22,42	132	2,96	103
3. 50 Hafer/50 Gerste	45	20,44	120	3,00	105
4. 75 Hafer/25 Gerste	67	18,99	112	2,95	103
5. 25 Hafer/75 Gerste	29	21,61	127	3,06	107
1960					
1. Hafer	100	26,97	100	3,93	100
2. Gerste	—	28,44	105	3,56	91
3. 50 Hafer/50 Gerste	47	28,57	106	3,85	98
4. 75 Hafer/25 Gerste	76	27,51	102	3,89	99
5. 25 Hafer/75 Gerste	32	29,12	108	3,87	98
1961					
1. Hafer	100	26,46	100	4,07	100
2. Gerste	—	25,21	95	3,13	77
3. 50 Hafer/50 Gerste	43	26,17	99	3,56	87
4. 75 Hafer/25 Gerste	70	26,83	191	3,93	97
5. 25 Hafer/75 Gerste	32	25,74	97	3,63	89

[1] Rohproteinerträge 1959 errechnet (nach NEHRING, 7); 1960 und 1961 eigene Untersuchungen.

In Tabelle 11 sind ferner auch die Proteinerträge der Reinsaaten und Gemenge zusammengestellt worden. Da für 1959 noch keine eigenen Proteinuntersuchungen vorlagen, wurden die Werte aus den Angaben von NEHRING ([7]; s. Tab. 10) errechnet. Für 1960 und 1961 konnten die Ergebnisse der im Institut durchgeführten Untersuchungen verwendet werden.

Sieht man von den Ergebnissen des Jahres 1959 ab, dann bestätigt sich, daß im allgemeinen der Hafer eine höhere Eiweißleistung aufweist als die Gerste. Von den Gemengen sind diesbezüglich diejenigen mit höheren Haferanteilen günstiger zu beurteilen als solche, in denen die Gerste dominiert.

Abschließend sei noch eine Beobachtung mitgeteilt, die am einjährigen Material der Versuche von 1961 gewonnen wurde. Im Gegensatz zum Vorjahr erfolgte hier die Proteinuntersuchung der Gemenge nach der Anteilbestimmung getrennt für die Mischungspartner, um näheren Einblick in das diesbezügliche Verhalten der Gemenge zu bekommen. Die erzielten Ergebnisse weist Tabelle 12 aus.

Tabelle 12

Rohproteingehalte (% in Trockensubstanz) im Korn von Hafer, Gerste und deren Gemengen 1961

Versuchsort	Kreis	Hafer rein	Gerste rein	Hafer/Gerste 50 : 50		Hafer/Gerste 75 : 25		Hafer/Gerste 25 : 75		
1. Oppitz	Bautzen	10,27	9,01	11,81	8,18	10,95	8,31	12,38	8,28	
2. Ebersbach	Glauchau	9,44	10,13	9,68	9,88	9,30	9,72	11,66	9,90	
3. Bräunsdorf	Freiberg	10,46	9,91	11,79	10,15	11,42	9,69	12,30	10,30	
4. Arnsgrün	Oelsnitz	9,15	8,17	8,88	7,21	9,23	8,04	9,03	7,67	
Mittel		9,83	9,31	10,54	8,86	10,23	8,94	11,34	9,04	GD 5% rel.
In % zum Gehalt		100		107		104		115		9,7
der Reinsaat			100		95		96		97	16,5

Es zeigte sich, daß mit guter Übereinstimmung in fast allen Versuchen die Proteingehalte des Haferanteils der Gemenge höher lagen als die der Haferreinsaat; die Differenzen nahmen dabei mit sinkendem Haferanteil zu. In Variante 5 mit dem geringsten Haferanteil war die Differenz im Mittel sogar statistisch gesichert. In den Proteingehalten der Gerste kommt — wenngleich nicht signifikant — die umgekehrte Tendenz zum Ausdruck. Nach SCHMALFUSS nimmt „... der Gesamtgehalt der Samen an stickstoffhaltigen Stoffen ... während der Reife infolge der ungleich stärkeren Speicherung N-freier Reservestoffe prozentual ab ...“ (9, S. 173). Ob diese Erscheinung deshalb mit der Tatsache einer Reifeanpassung der Gemengepartner an einen von den Reinsaaten abweichenden mittleren Zeitpunkt erklärt werden kann, in dem der Hafer bei Abkürzung seiner Vegetationszeit um einige Tage „physiologisch jünger“ ist als die Gerste und deshalb über den vergleichsweise höheren Stickstoffgehalt verfügt als die Reinsaat, muß dahingestellt bleiben.

Auf alle Fälle bedarf diese Beobachtung einer weiteren Überprüfung und evtl. Erhärtung auch von anderer Seite.

5. Ertragssicherheit

Als eine der häufigsten Begründungen für die Zweckmäßigkeit des Anbaues von Kulturartengemischen werden in der Literatur immer wieder die bessere Anpassungsfähigkeit an weniger günstige Standortbedingungen, relative Risikoarmut und damit größere Ertragssicherheit angeführt. Das gilt im wesentlichen auch für den Anbau von Sommergetreidegemengen und stellt damit einen der wichtigsten Vorteile dieser Anbauform dar.

Um einen zahlenmäßigen Ausdruck für die Ertragssicherheit der geprüften Varianten zu finden, wurde aus unseren Versuchserträgen die mittlere relative Ertragsabweichung für den Prüfzeitraum von drei Jahren berechnet.

Aus Tabelle 13 geht hervor, daß die Erträge der Gerstereinsaat mit durchschnittlich 10,1% die geringsten, die der Hafereinsaat mit 20,7% dagegen die höchsten Schwankungen aufweisen. Von den Gemengen tendieren die beiden extrem zusammengesetzten erwartungsgemäß nach der Seite der Reinsaaten, die im Gemisch

Tabelle 13
Mittlere relative Ertragsabweichungen der Varianten des Sommergetreide-Gemengeversuches 1959—1961

Varianten	Hafer	Gerste	50% Hafer 50% Gerste	75% Hafer 25% Gerste	25% Hafer 75% Gerste
Mittlere relative Ertragsabweichung	20,7	10,1	14,6	17,3	12,7

vorherrschen, während die aus gleichen Anteilen bestehende Mischung eine Mittelstellung einnimmt. Bemerkenswert ist aber, daß die Schwankungswerte der Gemenge in allen drei Fällen unter den relativen Erwartungswerten liegen, die entsprechend ihrer Zusammensetzung im Vergleich zu den Reinsaaten anzunehmen wären.

Damit läßt sich an unserem Material eine höhere Ertragssicherheit der geprüften Gemenge im Vergleich zu Hafer nachweisen.

Zusammenfassung

Eine Auswertung von 28 Feldversuchen der Jahre 1959—1961 im sächsischen Anbaugebiet mit 3 verschieden zusammengesetzten Hafer-Gerste-Gemengen sowie Hafer und Gerste als Reinsaaten führte zu folgenden Ergebnissen:

1. Im Mittel aller Versuche waren der Hafer und sämtliche Gemenge der Gerste im Kornertrag leicht überlegen; die Varianten reagierten jedoch in den einzelnen Jahren nicht einheitlich.
2. Es konnte nachgewiesen werden, daß Ertragshöhe und -relation von Hafer und Gerste eine deutliche Abhängigkeit von den Juni-Niederschlägen aufweisen: Bei niedrigen Regenmengen (unter 40 mm) dominiert die Gerste, höhere Niederschlagssummen führen zu starker Förderung des Hafers. Die Erträge der Gemenge gleichen sich dagegen fast stets denen der leistungsstärkeren Reinsaaten an.
3. Gemenge mit gleichen oder höheren Gerstenanteilen eignen sich besonders für trockene Lagen und Standorte, während unter feuchteren Bedingungen der Haferanteil führend sein sollte.
4. Im Laufe der Vegetationszeit kommt es bei den Gemengen oft zu nicht unerheblichen Anteilverschiebungen, die meistens zugunsten der Gerste gehen. Bei ungleich zusammengestellten Gemengen verschieben sich die Anteile häufig nach der Seite des untergeordneten Partners.
5. Die Stärkewertleistungen der geprüften Gemenge erreichen in den meisten Fällen diejenigen der besten Reinsaat, teilweise liegen sie darüber. Von den Reinsaaten bringt der Hafer erst bei Kornmehrerträgen von etwa 15% die gleiche Stärkewertleistung wie die Gerste.

   Die Erträge an Rohprotein sind durchschnittlich bei Hafer höher als bei Gerste und bewegen sich bei den Gemengen in der gleichen Rangfolge wie die Höhe des Haferanteils.
6. Die Strohertragsleistung nimmt vom reinen Hafer zur reinen Gerste mit zunehmendem Gerstenanteil in den Gemengen deutlich ab.
7. Am ausgewerteten Material konnte eine höhere Ertragssicherheit der Gemenge gegenüber Hafer nachgewiesen werden. Die Ertragssicherheit nimmt mit steigendem Gerstenanteil zu.

Резюме

Обобщение 28 полевых опытов, проведенных с 1959 по 1961 гг. в Саксонии с 3 смесями овса и ячменя, различного состава, а также с чистыми посевами овса и ячменя привело к следующим результатам:

1. В среднем всех опытов овес и все смеси слегка превосходили ячмень в урожае зерна; однако, варианты в отдельные годы реагировали неоднородно.
2. Доказано, что урожайность и соотношение урожаев овса и ячменя в значительной степени зависят от выпадения атмосферных осадков в июне: При малых количествах осадков (меньше 40 мм) доминирует ячмень, более высокие суммы осадков способствуют урожайности овса. Однако, урожаи смесей, почти всегда приравниваются к урожаям более продуктивных чистых посевов.
3. Смеси, у которых удельный вес ячменя равняется доле овса или превышает ее, особенно подходят для засушливых райнов и местопроизрастаний. Во влажных условиях удельный вес овса должен преобладать.
4. В течение вегетационного периода в смесях часто происходят значительные изменения в удельном весе компонентов, в большинстве случаев в пользу ячменя. При неодинаково составленных смесях удельный вес часто изменяется в сторону подчиненного партнера.
5. Продуктивность исследованных смесей в крахмальных единицах в большинстве случаев почти достигала таковую самых лучших чистых посевов, отчасти она ее превышала. Из чистых посевов овес дает лишь при прибавках урожая зерна в 15% одинаковую с ячменем продуктивность в крахмальных единицах.

   Сбор сырого протеина в среднем у овса выше, чем у ячменя и изменяется у смесей в зависимости от доли овса.
6. Выход соломы явно уменьшается от чистого овса до чистого ячменя с возрастающим удельном весом ячменя в смесях.
7. Обобщенный материал свидетельствует о большей устойчивости урожаев, получаемых от смесей по сравнению с чистым посевом овса. Устойчивость повышается с возрастающим удельным весом ячменя в смеси.

Summary

An evaluation of 28 field experiments with 3 differently composed oat-barley-mixtures as well as oat and barley as pure seeds made at the Saxon area in 1959—61 brought the following results:

1. On the average the oat and all the mixtures had a higher corn yield; the variants did not react in the same way in the single years.
2. It could be demonstrated that the yield quantity and relation of oat and barley strongly depended on the June downfalls: at low rain quantities (under 40 mm) the barley dominates, high downfall sums strongly support the oat. The yields of the mixtures, however, were nearly always equal to the more efficient pure seeds.
3. Mixtures with equal or higher parts of barley are especially suitable for dry places while under moist conditions the part of oat should be bigger.

4. In the course of the vegetation time the mixtures often shift their parts in favour of barley. At unequally composed mixtures the parts often shift in favour of the subordinated one.
5. The starch value performances of the mixtures examined in most of the cases reach the ones of the best pure seed, partly they are higher. From the pure seeds oat has the same starch value performance like barley only at corn surplus of about 15%. The yields of crude protein of oat averagely are higher than of barley and of the mixtures they depend on the height of the parts of oat.
6. The straw yield performance remarkably decreases from pure oat to pure barley with growing part of barley in the mixtures.
7. From the material exploited could be demonstrated a higher yield security of the mixtures towards oat. The yield certainty increases with growing part of barley.

Literaturverzeichnis

[1] BAUMANN, H.: Wetter und Ernteertrag. Schr.-R. „Der Freie Bauer" 1949, Bd. 19, Dt. Bauernverl. Berlin

[2] GERDES, G., und G. PANNICKE: Ertragsleistung und Ertragssicherheit unserer wichtigsten Getreidearten auf leichten Böden. Diskussionsbeitrag zu der Arbeit von SCHNIEDER. Dt. Landwirtsch. 1961, **12**, 340–341

[3] HERRMANN, Ph.: Hafer, Gerste oder Menggetreide? Mitt. Dt. Landwirtsch.-Ges. 1958, **73**, 1202–1204

[4] KLITSCH, Cl.: Die Ertragsbildung beim Getreide in der Sicht des Pflanzenbauers. Dt. Landwirtsch. 1957, **8**, 80–86.

[5] KÖNNECKE, G.: Versuchsbericht 1950–1952. 1953, Halle, Freiheit-Verl.

[6] MÜLLER, K.-H.: Sommergerste – Hafergemenge. In: Berichte über die Versuche der Jahre 1957–1959. Institut für Landwirtschaftliches Versuchs- und Untersuchungswesen Jena der Deutschen Akademie der Landwirtschaftswissenschaften zu Berlin. 1961, Pößneck, Streitberger-Verl.

[7] NEHRING, K.: Lehrbuch der Tierernährung und Futtermittelkunde. 1955, 6. Aufl., Radebeul u. Berlin, Neumann-Verl.

[8] ROEMER, Th.: Getreide der gemäßigten Zone. A. Allgemeiner Teil. In: Handbuch der Landwirtschaft II. 1953, Berlin u. Hamburg, Verl. Paul Parey

[9] SCHMALFUSS, K.: Pflanzenernährung und Bodenkunde. 1953, 6. Aufl., Leipzig, S. Hirzel-Verl.

[10] SCHNIEDER, E.: Ertragsleistung und Ertragssicherheit unserer wichtigsten Getreidearten auf leichten Böden. Dt. Landwirtsch. 1961, **12**, 174–176

[11] Staatliche Zentralverwaltung für Statistik: Statistisches Jahrbuch der DDR 1960/61, S. 446–447

[12] ZILLMANN, K. H.: Über den Wasserverbrauch einiger Kulturpflanzen am Standort in Abhängigkeit von den meteorologischen Faktoren und von der Bodenfeuchtigkeit. Z. Acker- u. Pflanzenbau 1957, **104**, 257–274

Autorreferate demnächst erscheinender Arbeiten[1]

Aus dem Institut für Acker- und Pflanzenbau
der Hochschule für Landwirtschaft Bernburg
(Direktor: Prof. Dr. agr. habil D. EBERT)

R. WABERSICH

Der Einfluß verschiedener Herbizide auf den Ertrag und die Inhaltsstoffe von Hafer, Gerste und Erbsen

Die Wirkung von DNC-, MCPA- und 2,4-D-haltigen Herbiziden auf den Ertrag und verschiedene Inhaltsstoffe (Rohprotein, Rohfaser, Rohfett und Asche) bei Hafer, Gerste und Erbsen wird an Hand exakter Feldversuche geprüft. Zur Erfassung der Nachwirkung der Herbizide auf das Saatgut wurde eine Durchschnittsprobe der einzelnen Varianten im Folgejahr ohne Herbizidanwendung nachgebaut.

Während Hafer und Gerste im Mittel von drei Versuchsjahren keine wesentlichen Ertragsunterschiede zu unbehandelt erkennen lassen, reagieren die Erbsen im Durchschnitt mit Ertragssenkungen. Die Herbizide wirken sich allerdings in den einzelnen Jahren unterschiedlich aus.

Geringe Veränderungen der untersuchten Inhaltsstoffe sind bei Hafer und Gerste vorhanden, eine Nachwirkung der Herbizide ist nicht erkennbar.

Bei Erbsen führen MCPA und 2,4-D zu erhöhten Rohproteinwerten. Die übrigen Inhaltsstoffe zeigen dagegen nur geringe Abweichungen. Im Nachbau sind wesentliche Unterschiede sowohl bei den Erträgen als auch den Inhaltsstoffen, die auf die Herbizidanwendung zurückzuführen waren, nicht zu beobachten.

Die beträchtlichen Ertragsunterschiede zwischen direkter Anwendung und Nachwirkung im gleichen Jahr können nur durch das unterschiedliche Saatgut erklärt werden.

Aus dem Institut für Pflanzenzüchtung Groß-Lüsewitz
der Deutschen Akademie der Landwirtschaftswissenschaften zu Berlin
(Direktor: Prof. Dr. R. SCHICK)

G. ULRICH und A. BERGSCHICKER

Die Probleme der Pflanzkartoffelerzeugung bei großknolligen Sorten[2]

Ein Beitrag zur Erhöhung der Vermehrungsrate im Kartoffelbau

Untersuchungen über die Eignung der Kartoffelsorten für einen vollmechanisierten Anbau führten u. a. zu dem Ergebnis, daß große und runde Knollen die Sammelernte erleichtern. Es wird daraus die Forderung abgeleitet, Sorten mit größeren Knollen zu züchten.

Mit dieser Zielstellung gewinnt aber ein Problem an Bedeutung, welches schon bislang die Einführung großfallender Sorten erschwerte, dagegen kleinfallende Sorten bei Züchtern und Pflanzgutvermehrern beliebt machte. Es ist der geringere Anfall „pflanzfähiger“ Knollen und die sich daraus ergebenden Schwierigkeiten einer ökonomischen Pflanzgutversorgung im Kartoffelbau.

Die Einführung großfallender Sorten erfordert deshalb Methoden, die auch bei diesen Sorten zumindest den bisherigen Pflanzgutertrag garantieren.

Diese Überlegungen veranlaßten die Verfasser, die zur Zeit üblichen Methoden der Pflanzkartoffelerzeugung und -vermehrung kritisch zu überprüfen und nach Wegen zu suchen, die geeignet sind, bei den bisherigen wie auch bei großfallenden Sorten einen besseren Vermehrungsquotienten zu erreichen.

[1] Sämtliche hier referierten Arbeiten erscheinen ausführlich in einem der nächsten Hefte dieser Zeitschrift.
[2] Herrn Prof. Dr. Cl. KLITSCH gewidmet zu seinem 70. Geburtstag

Die mehrjährigen Untersuchungen führten zu nachstehenden Schlußfolgerungen und Vorschlägen, die zur Diskussion gestellt werden.

1. Hohe Erträge sind bei allen Sorten die erste Voraussetzung für hohe Vermehrungsraten. Ertragsbeeinflussende Faktoren — wie Lagerung und Vorbehandlung des Pflanzgutes, Pflanzzeit, Pflanztiefe, Düngung, Bearbeitung und Erntetermin — sind wie im Konsumkartoffelbau auf maximale Ertragsbildung auszurichten. Mit keinem der genannten Anbaufaktoren ist der Anteil mittlerer Knollen wesentlich zu erhöhen.
2. Vom Erntegut der Vermehrungsflächen kann ein größerer Anteil pflanzfähiger Knollen aussortiert werden.
   Knollen zwischen 40—150 g Masse lassen sich gleichwertig als Pflanzknollen verwenden, sofern eine Sortierung in zwei oder drei Fraktionen erfolgt und die Pflanzweite auf die durchschnittliche Knollengröße der einzelnen Fraktionen abgestimmt wird.
3. Knollen mit mehr als 150 g Masse lassen sich durch Schneiden ebenfalls zu Pflanzzwecken verwenden. Das Schneiden der Pflanzknollen führt zu keinen Mindererträgen, sofern die Knollenstücke nicht weniger als 75 g Masse haben und wenn extrem frühe Pflanztermine und tiefes Pflanzen vermieden werden.
   Eine allgemeine Einführung des Schneidens in die Praxis setzt jedoch voraus, daß ein vollmechanisiertes Schneiden und Pflanzen möglich ist.
4. Der Pflanzgutaufwand je Hektar muß auf die jeweiligen Anbaubedingungen abgestimmt sein und sollte 20 dt/ha nicht unter- und 40 dt/ha nicht überschreiten. Je günstiger die Anbaubedingungen sind, desto geringer kann der Pflanzgutaufwand sein. Der Zustand des Pflanzgutes — gut oder schlecht überlagert, keimgestimmt oder vorgekeimt — hat für die Festlegung des günstigsten Pflanzgutaufwandes ebenfalls große Bedeutung.
5. Mit steigendem Pflanzgutaufwand sinkt die Vermehrungsrate. Bei hohen Anbaustufen ist darum ein geringerer Pflanzgutaufwand als im Konsumkartoffelanbau angebracht. Es ist nicht zweckmäßig, Pflanzkartoffeln mit geringeren Abständen als Konsumkartoffeln auszupflanzen.
6. Kartoffellegemaschinen müssen so ausgerüstet werden, daß Pflanzgutfraktionen mit Knollengewichten zwischen 40 und 150 g fehlstellenfrei gelegt werden.
   Eine Änderung der Pflanzabstände bei Kartoffellegemaschinen muß ähnlich wie die Änderung der Saatstärke bei Drillmaschinen leicht und schnell möglich sein.

Aus dem Institut für Saatgut und Ackerbau Halle-Lauchstädt
der Deutschen Akademie der Landwirtschaftswissenschaften zu Berlin
(Direktor: Prof. Dr. agr. habil. H. RÜTHER)

E. HOFFMANN

Die Eignung der Bodenschätzung für die standortgerechte Planung

Im System der Deutschen Reichsbodenschätzung sind die Wertzahlklassen durch gleiche Unterschiede nach den Bodenarten und den Zustandsstufen abgestuft. Obwohl durch letztere bereits eine Schätzung der Bodenqualität erfolgt, sind die Böden in der DDR bei der Schätzung so verteilt, daß in jeder Ackerzahlklasse mit 10-Punkten-Klassenbreite nur eine oder wenige sehr ähnliche Bodenarten und Zustandstufen überwiegen. Daher kann die Bewertung der Bodenqualität nach der Reichsbodenschätzung sowohl für Großzahlanalysen von Ertragsfeststellungen als auch für die Planung von standortorientierten ha-Erträgen benutzt werden, wenn die Böden nach Klassen von je 10 Punkten Ackerzahl gruppiert werden. Kleinere Schwellenwerte für die Abgrenzung von Standorteinheiten nach der Bodenqualität mit Hilfe der Ackerzahl können nicht begründet werden. Die Beziehungen zwischen den Ackerzahlen und den ha-Erträgen werden durch die Einstufung nach Boden- und Entstehungsart nicht so stark variiert wie durch Einflüsse von regionalen Klimaunterschieden, der Jahreswitterung und anderen ertragwirksamen Faktoren.

Auf der Grundlage von rund 8000 Feldversuchen, die in 7 Jahren mit neun Fruchtarten im gesamten Gebiet der DDR angelegt waren, wurden die stochastischen Beziehungen zwischen den Ackerzahlen und ha-Erträgen unter Berücksichtigung regionaler Unterschiede und des Jahreseinflusses untersucht. Der Einfluß der Bodenqualität auf die ha-Erträge erwies sich als um so geringer, je mehr agrotechnische Maßnahmen an der Ertragsbildung beteiligt sind, je mehr die Fruchtarten von meteorologischen Faktoren abhängen und je günstiger der Standort für die einzelnen Fruchtarten ist. Das Wasserhaltungsvermögen der Böden beeinflußt die ha-Erträge um so mehr, je mehr es durch regionale Klimaunterschiede verstärkt wird und je empfindlicher die Fruchtarten reagieren.

Durch die Großzahlanalyse konnte die fruchtartenspezifische Ertragsfähigkeit der Böden für eine Auswahl von Fruchtarten durch eine Potenzfunktion ($Y = a \cdot X^b$) ausgedrückt werden. Der Elastizitätskoeffizient b und das Bestimmtheitsmaß — beide als Ausdruck der Abhängigkeit der ha-Erträge von der Bodenqualität — nehmen in der Reihenfolge ab: Roggen, Winterweizen, spätgesäter Silomais, Wintergerste, Sommergerste, Raps, frühgesäter Silomais, Kartoffeln. In den einzelnen Jahren und klimatisch unterschiedlichen Gebieten wird der Einfluß der Bodenqualität vorwiegend durch die Verteilung der Niederschläge in der Vegetationszeit und den Temperaturverlauf variiert. Für die meisten Fruchtarten lassen sich von dem Hauptteil der DDR, der in der Diluvialebene liegt, ertragwirksame klimatisch unterschiedene Gebiete abgrenzen als Gebiete mit abnehmender Niederschlagsmenge und zunehmender Temperatur: das Küstengebiet, die Vor- und Mittelgebirgslagen, die feuchtere Lößzone und die trockenere Lößzone (Schwarzerde). Für eine regionale Differenzierung der fruchtartenspezifischen Ertragsfunktionen der Böden liegen nur Anzeichen vor; es lassen sich keine stochastisch gesicherten Funktionen aus dem vorliegenden Material ableiten.

Für die neun genannten Fruchtarten werden aus den Elastizitätskoeffizienten wissenschaftlich begründete Abstufungen der ha-Erträge nach den Ackerzahlklassen abgeleitet. Für Planungszwecke ausreichend genau können diese in Relationen zu einem jeweils angenommenen Durchschnittsertrag bei Berücksichtigung der Verteilung der Fruchtarten auf die Ackerzahlklassen ausgedrückt werden.

Aus dem Institut für Bodenkunde und Mikrobiologie
der Karl-Marx-Universität Leipzig
(Direktor: Prof. Dr. agr. habil. G. MÜLLER)

G. MÜLLER, D. KLEINHEMPEL und H. WAGNER

Über den Einfluß meliorativer Tiefenbearbeitung auf den Humuszustand im Boden

Ein Tiefbearbeitungs- und Düngungsversuch, der auf einem sehr leichten Boden zur Verfügung stand, wurde $2^1/_2$ Jahre nach den meliorativen Maßnahmen auf Humuskennwerte untersucht. Es zeigte sich zunächst, daß der C-Gehalt auch bei Nichtverabreichung einer organischen Düngung erhalten blieb. Durch die meliorativen Maßnahmen wurde allgemein der aus den einzelnen Horizontwerten zu errechnende mittlere C-Gehalt nicht beeinflußt. Charakteristische Verschiebungen ergaben sich jedoch bezüglich der Verteilung der C-Gehalte. Durch die meliorative Tiefbearbeitung wird der C-Gehalt oberer Schichten zugunsten unterer vermindert. Das auf den organisch ungedüngten Parzellen mit Sicherheit als unverrottet anzusprechende C-Material (Wurzelmasse) hätte dann in größeren Bodentiefen die Humifizierungszahl nach kleineren Werten verschieben müssen. Das Gegenteil wurde beobachtet, es ergab sich eine mit zunehmender Bearbeitungstiefe wachsende Steigerung der Humifizierungszahl mit der Entnahmetiefe der Proben. Offenbar verläuft der nach Tiefenbearbeitung in untere Bodenschichten verlagerte Humifizierungsvorgang anders, als dies in oberen Schichten bei ständig 20 cm tiefer Pflugfurche der Fall ist. Bemerkenswerterweise trat ein besonders starker Effekt in der 60-cm-Tiefe auf, die mit dem Pflug überhaupt nicht in Berührung gekommen war. Das Ergebnis dieser Untersuchung deutet auf Möglichkeiten hin, die Abbauprozesse organischer Substanz im Boden im stärkeren Maße lenken zu können, als dies bisher der Fall war.

www.ingramcontent.com/pod-product-compliance
Lightning Source LLC
LaVergne TN
LVHW081341011026
849161LV00013BB/2967